ÉLÉMENTS

DE

GÉOMÉTRIE

RÉDIGÉS CONFORMÉMENT AUX PROGRAMMES OFFICIELS

POUR LES CLASSES DE
QUATRIÈME, TROISIÈME ET RHÉTORIQUE

PAR

P. PORCHON

Agrégé de l'Université, ancien élève de l'École normale supérieure
Professeur de mathématiques au lycée de Versailles

GÉOMÉTRIE PLANE

QUATRIÈME ÉDITION, REVUE

PARIS

ANCIENNE LIBRAIRIE GERMER BAILLIÈRE ET Cⁱᵉ

FELIX ALCAN, ÉDITEUR

108, BOULEVARD SAINT-GERMAIN, 108

1891

ÉLÉMENTS

DE GÉOMÉTRIE PLANE

ÉLÉMENTS

DE

GÉOMÉTRIE

RÉDIGÉS CONFORMÉMENT AUX PROGRAMMES OFFICIELS

POUR LES CLASSES DE
QUATRIÈME, TROISIÈME ET RHÉTORIQUE

PAR

P. PORCHON

Agrégé de l'Université, ancien élève de l'École normale supérieure
Professeur de mathématiques au lycée de Versailles

GÉOMÉTRIE PLANE

QUATRIÈME ÉDITION, REVUE

PARIS

ANCIENNE LIBRAIRIE GERMER BAILLIÈRE ET Cie

FÉLIX ALCAN, ÉDITEUR

108, BOULEVARD SAINT-GERMAIN, 108

1891

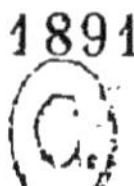

ÉLÉMENTS

DE

GÉOMÉTRIE

PREMIÈRE PARTIE

GÉOMÉTRIE PLANE

LIVRE I

LA LIGNE DROITE

CHAPITRE PREMIER

NOTIONS PRÉLIMINAIRES. ANGLES. PERPENDICULAIRES

Notions préliminaires.

1. — Un VOLUME *est une portion limitée de l'espace.*
Une SURFACE *est ce qui sépare un volume du reste de l'espace.*
Une LIGNE *est la partie commune à deux surfaces qui se coupent.*
Un POINT *est la partie commune à deux lignes qui se coupent.*

2. — La plus simple de toutes les lignes est la LIGNE

DROITE, dont un fil tendu offre l'image. Nous ne la définirons pas, l'idée de ligne droite ne pouvant se ramener à des notions plus simples.

Nous admettrons que, d'un point à un autre, on ne peut mener qu'une seule ligne droite, et que deux lignes droites ayant deux points communs coïncident dans toute leur étendue, si loin qu'on les prolonge.

Nous admettrons aussi que la ligne droite est la plus courte que l'on puisse mener d'un point à un autre.

3. — *On appelle* LIGNE BRISÉE *une ligne formée de plusieurs lignes droites* (fig. 1), COURBE *une ligne qui n'est ni droite ni composée de lignes droites* (fig. 2).

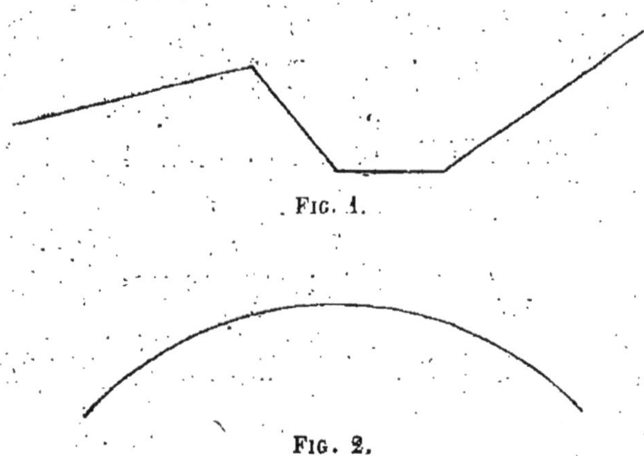

FIG. 1.

FIG. 2.

4. — *Un* PLAN OU SURFACE PLANE *est une surface telle que si l'on y prend deux points à volonté et qu'on les joigne par une ligne droite, cette ligne droite soit tout entière dans la surface.*

Une surface est COURBE lorsqu'elle n'est ni plane, ni composée de surfaces planes.

5. — Tout ensemble de volumes, de surfaces, de lignes et de points s'appelle une FIGURE.

Les figures tracées sur un plan sont dites PLANES.

6. — *La* GÉOMÉTRIE *est la science de l'étendue.*

On la divise en deux parties : la GÉOMÉTRIE PLANE, qui s'occupe des figures planes, et la GÉOMÉTRIE DANS L'ESPACE, qui traite des figures non situées dans un plan.

Dans les livres I, II, III, IV, V, on ne traitera que des figures planes.

Angles.

7. — *Un* ANGLE *est la figure formée par deux lignes droites qui se coupent.*

Ces deux lignes s'appellent les CÔTÉS de l'angle, et leur point de rencontre en est le SOMMET.

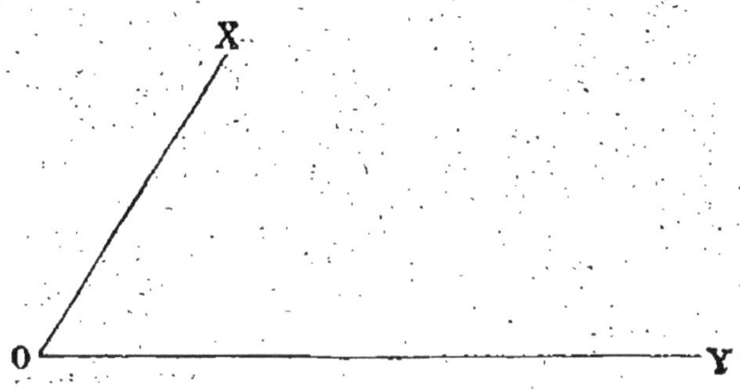

FIG. 3.

On désigne un angle, soit au moyen d'une lettre placée à son sommet, soit au moyen de trois lettres dont une est placée au sommet et les deux autres sur les côtés; alors on énonce celle du sommet entre les deux autres. Ainsi l'angle représenté figure 3 se désigne par O, ou par XOY, ou par YOX.

Lorsque l'un des côtés OY d'un angle reste fixe, et que l'on fait tourner l'autre OX autour du sommet, l'angle augmente ou diminue suivant que le côté mobile s'éloigne ou se rapproche du côté fixe. L'angle devient nul lorsque le côté mobile s'applique sur le côté fixe. En général deux figures sont ÉGALES lorsque l'une peut se superposer exactement à l'autre.

Il résulte de cette définition que deux angles XOY, X'O'Y' (fig. 4) sont égaux lorsque, le second étant placé sur le pre-

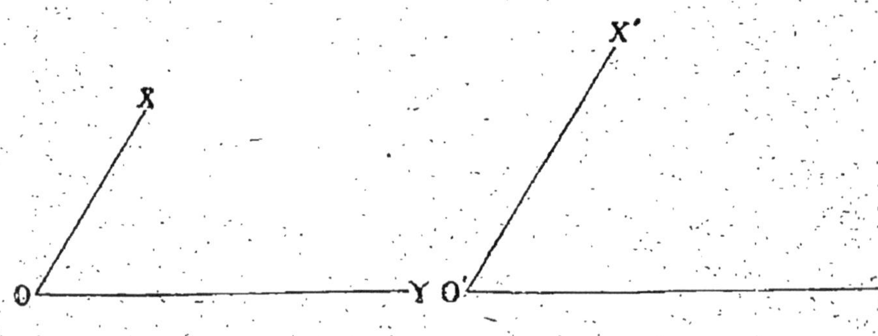

FIG. 4.

mier, de telle sorte que le point O' coïncide avec le point O et que le côté O'Y' prenne la direction OY, le côté O'X' prend en même temps la direction OX. Mais si le côté O'X' se place alors en dedans ou en dehors de l'angle XOY, l'angle X'O'Y est plus petit ou plus grand que XOY.

D'après ces explications, la grandeur d'un angle est indépendante de la longueur de ses côtés.

Une droite OZ est BISSECTRICE *d'un angle* XOY (fig. 5) *lorsqu'elle le partage en deux parties égales.*

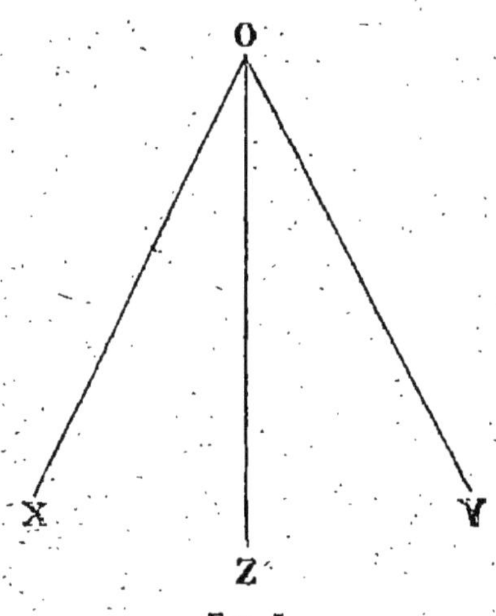

FIG. 5.

8. — *Deux angles sont dits* ADJACENTS *lorsqu'ils ont même sommet, un côté commun, et qu'ils sont de part et d'autre de ce côté commun.*

Tels sont les angles AOB, BOC, et aussi les angles A'O'B',

B'O'C' (fig. 6). Il peut arriver que les côtés non communs

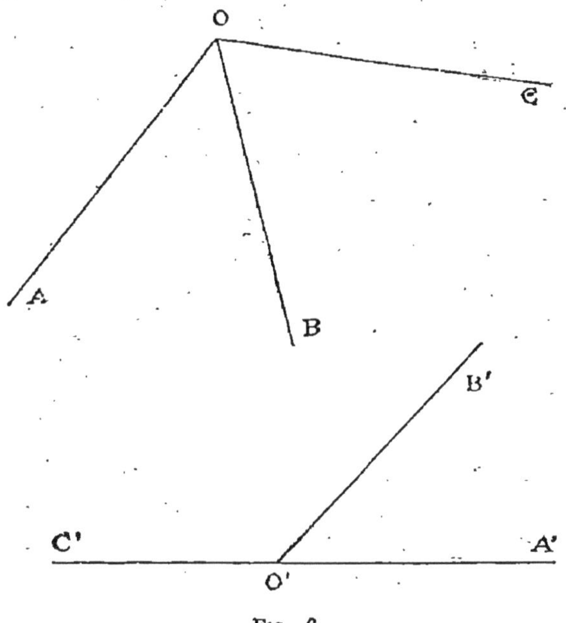

-Fig. 6.

soient en ligne droite : c'est le cas des deux angles A'O'B', B'O'C'.

Perpendiculaires.

9. — *Une droite est* PERPENDICULAIRE *à une autre lorsqu'elle forme avec celle-ci deux angles adjacents égaux. Ces deux angles s'appellent alors* ANGLES DROITS (fig. 7).

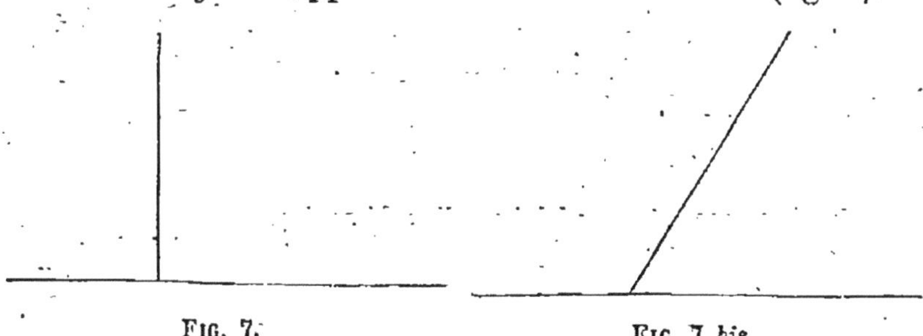

Fig. 7.   FIG. 7 *bis.*

Une droite est OBLIQUE à une autre lorsqu'elle ne lui est pas perpendiculaire (fig. 7 *bis*).

10. — Théorème I (1). — *Par un point pris sur une droite, on peut toujours mener une perpendiculaire à cette droite, et on n'en peut mener qu'une* (fig. 8).

Soit le point O pris sur la droite AC. Menons par le point O une droite OB, que nous supposerons mobile autour

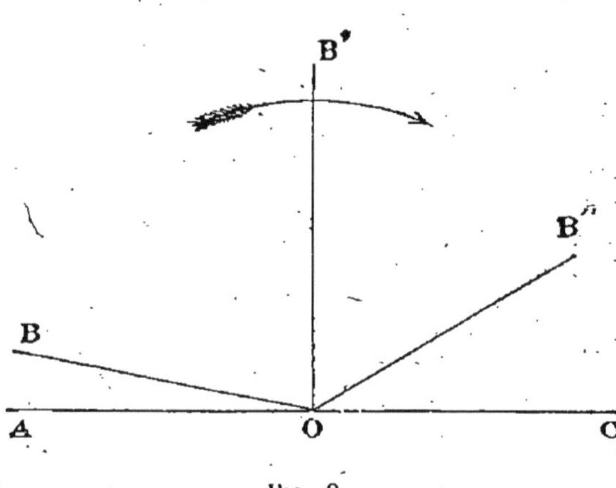

FIG. 8.

du point O. Après l'avoir appliquée d'abord sur OA, faisons-la tourner autour du point O dans le sens de la flèche, jusqu'à ce qu'elle s'applique sur OC. Elle forme avec OA et OC deux angles adjacents, dont le premier va constamment en croissant, et le second constamment en décroissant. Celui qui était d'abord le plus petit finit par devenir le plus grand. Donc il y a une position OB' de la droite, et une seule, dans laquelle ces deux angles sont égaux, ce qu'il fallait démontrer.

(1) Un *théorème* est une vérité que l'on démontre.
Un *corollaire* est une conséquence que l'on déduit d'un théorème.

COROLLAIRE. — *Tous les angles droits sont égaux.*

Soient, en effet, deux angles droits AOB, A'O'B' (fig. 9). Portons le second sur le premier en plaçant le point O' sur le point O, et la droite O'A' dans la direction OA : la droite O'B' prend la direction OB, puisque, par le point O, on ne peut mener qu'une perpendiculaire OB à OA. Ainsi les deux angles coïncident et sont égaux.

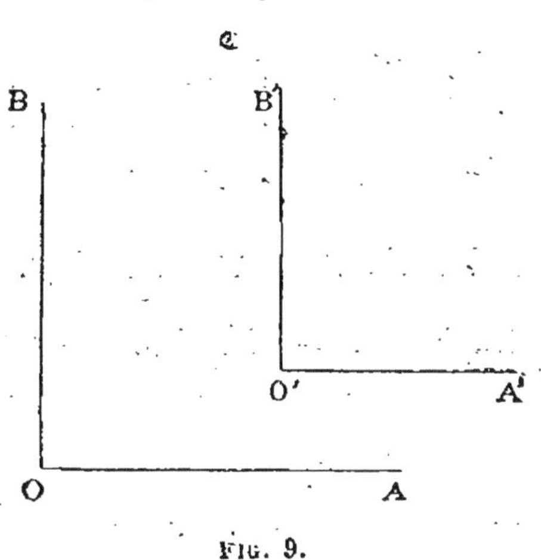

FIG. 9.

11. — Définitions. — *Un angle est dit* AIGU *ou* OBTUS *suivant qu'il est plus petit ou plus grand qu'un droit.*

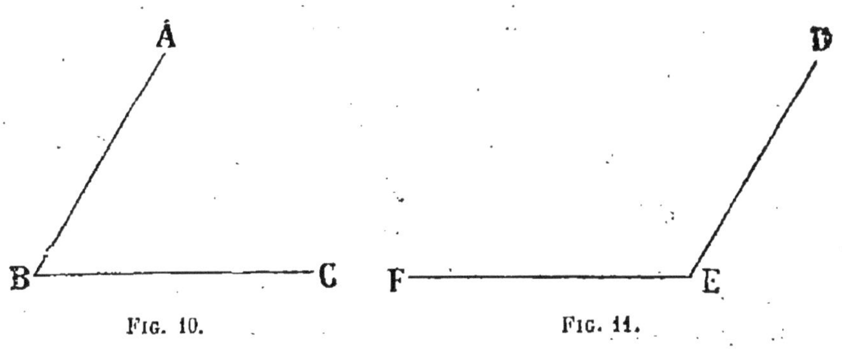

FIG. 10.   FIG. 11.

Ainsi ABC (fig. 10) est un angle aigu, DEF (fig. 11) est un angle obtus.

Deux angles GHI, IHK, dont la somme est égale à un angle droit GHK (fig. 12), sont dits COMPLÉMENTAIRES. L'un s'appelle le COMPLÉMENT de l'autre.

Deux angles dont la somme est égale à deux angles droits sont dits SUPPLÉMENTAIRES. L'un s'appelle le SUPPLÉMENT de l'autre.

Deux angles sont évidemment égaux lorsqu'ils ont le même complément ou le même supplément.

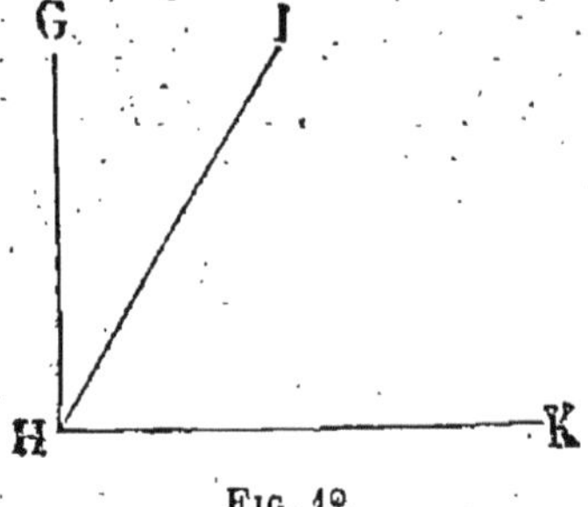

FIG. 12.

Droites concourantes.

12. — **Théorème II.** — *Toute droite qui en rencontre une autre (fig. 13) forme avec elle deux angles adjacents dont la somme est égale à deux angles droits.*

Soit la droite OA qui rencontre la droite BC. Le théorème est évident si la droite OA est perpendiculaire à BC. Suppo-

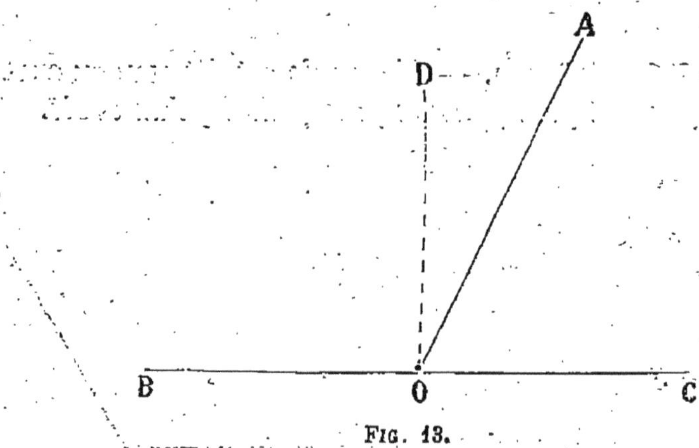

FIG. 13.

sons qu'elle lui soit oblique, et que, par exemple, l'angle BOA soit plus grand que l'angle COA. Par le point O menons la droite OD perpendiculaire à BC. L'angle BOA surpasse l'angle droit BOD de l'angle DOA; l'angle COA est inférieur

à l'angle droit DOC, du même angle DOA. Donc la somme
BOA —|— COA vaut deux angles droits.

CorollAIRE I. — *Si une droite est perpendiculaire à une
autre, la seconde est aussi perpendiculaire à la première.*

Soit la droite CD (fig. 14) perpendiculaire à AB.

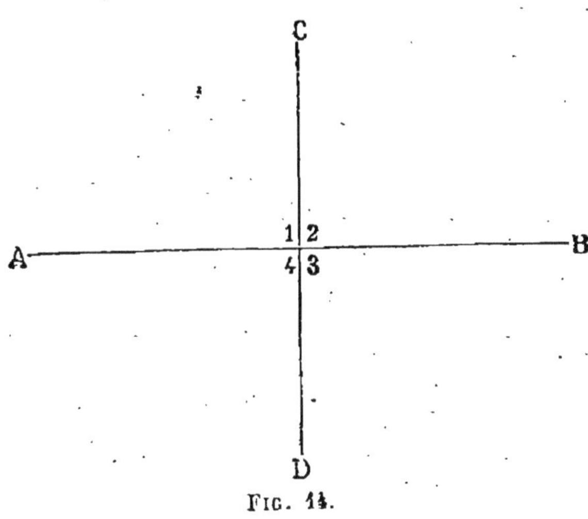

FIG. 14.

Désignons par 1, 2, 3, 4, les quatre angles formés par
les deux droites. 1 et 2 sont supposés égaux, et par suite
droits. 1 et 4, d'après le théorème précédent, ont pour
somme deux droits; 1 étant droit, 4 est droit. On prouve
de même que 3 est droit. Ainsi la droite AB forme avec CD,
de l'un et de l'autre côté, des angles adjacents égaux.

CorollAIRE II. — *La somme des angles consécutifs 1, 2,*

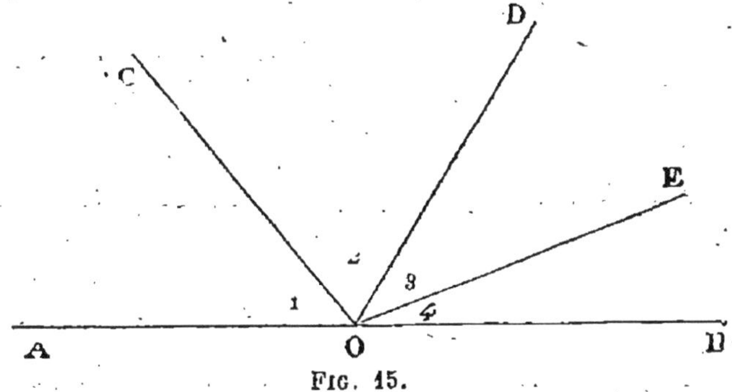

FIG. 15.

*3, 4, formés autour d'un point, d'un même côté d'une
droite, est égale à deux angles droits* (fig. 15).

En effet, les angles 1, 2, 3, ont pour somme l'angle AOE, et d'après le théorème précédent, ce dernier, augmenté de l'angle 4, forme une somme égale à deux angles droits.

COROLLAIRE III. — *La somme des angles consécutifs 1, 2,*

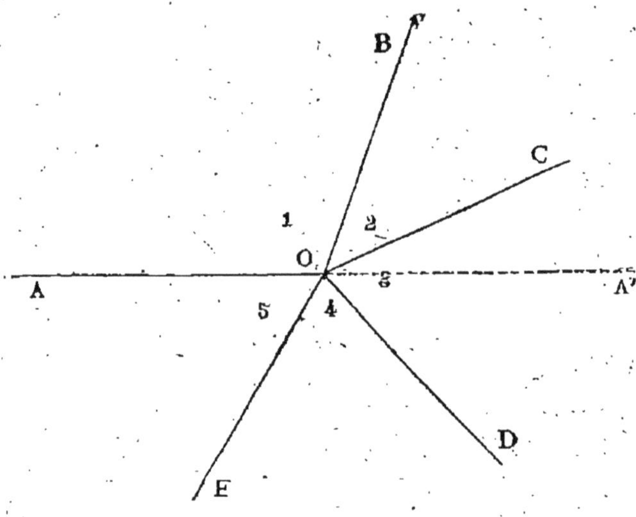

Fig. 16.

3, 4, 5, *formés autour d'un point dans un plan par diffé- rentes droites issues de ce point, OA, OB, OC, OD, OE, est égale à quatre angles droits* (fig. 16).

Traçons le prolongement OA' de la droite AO. La somme des angles formés de chaque côté de la droite AA' vaut deux droits; en les additionnant tous, on forme une somme qui est celle des angles 1, 2, 3, 4, 5. Celle-ci vaut donc quatre droits.

13. — **Théorème III.** — *Lorsque deux angles adja- cents AOB, BOC, n'ont pas leurs côtés extérieurs en ligne droite, leur somme n'est pas égale à deux droits.*

Traçons le prolongement OD de AO (fig. 17). L'angle BO

différe de l'angle BOC. Or, d'après le théorème II, la somme

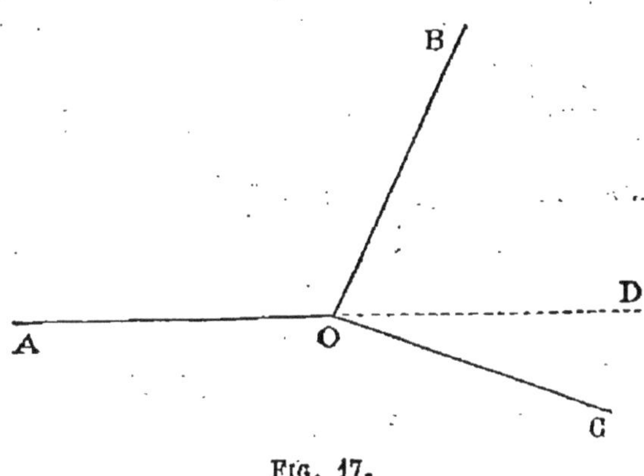

FIG. 17.

des angles AOB, BOD, vaut deux droits : il n'en est donc pas de même de celle des angles AOB, BOC.

14. — Théorème IV. — *Lorsque deux angles adjacents ont pour somme deux droits, leurs côtés non communs sont en ligne droite.*

Car, d'après le théorème III, dès que les côtés non communs ne sont pas en ligne droite, la somme des deux angles n'est pas égale à deux droits.

15. — REMARQUE. — Dans tout théorème il faut distinguer ce que l'on suppose, ou l'HYPOTHÈSE, et ce que l'on veut démontrer, ou la CONCLUSION. Par exemple, dans le théorème II, l'hypothèse est qu'une droite en rencontre une autre, ou, en d'autres termes, que deux angles adjacents ont leurs côtés non communs en ligne droite ; la conclusion est que la somme de ces deux angles adjacents égale deux droits.

Deux théorèmes sont dits CONTRAIRES lorsque leurs hypothèses sont contraires, et leurs conclusions contraires. Ainsi le théorème II et le théorème III sont contraires.

Deux théorèmes sont RÉCIPROQUES lorsque l'hypothèse de

l'un est la conclusion de l'autre, et inversement. Ainsi les théorèmes II et IV sont réciproques.

Lorsque deux théorèmes contraires sont démontrés, la réciproque de chacun d'eux s'en déduit immédiatement, par un raisonnement semblable à celui du théorème IV.

16. — Théorème V. — *Lorsque deux droites AA', BB',*

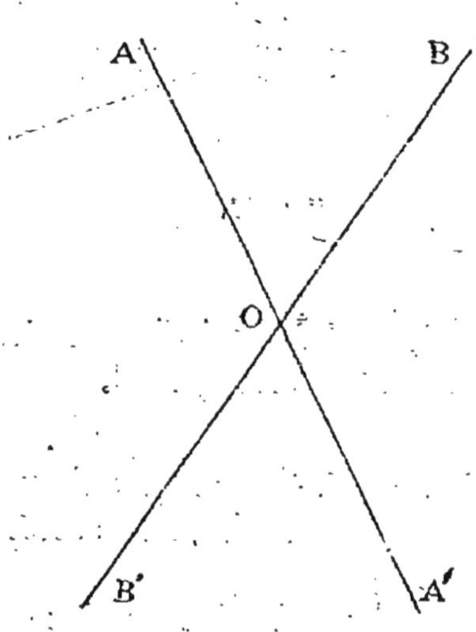

FIG. 18.

se coupent, les angles AOB, A'OB', opposés par le sommet, sont égaux (fig. 18).

En effet, ils ont le même supplément AOB' (théor. II).

CHAPITRE II

TRIANGLES

Des triangles.

17. — Définitions. — *On appelle* TRIANGLE *une portion de plan terminée par trois lignes droites.*

Un triangle est ISOCÈLE quand il a deux côtés égaux, ÉQUILATÉRAL quand il a ses trois côtés égaux, ÉQUIANGLE

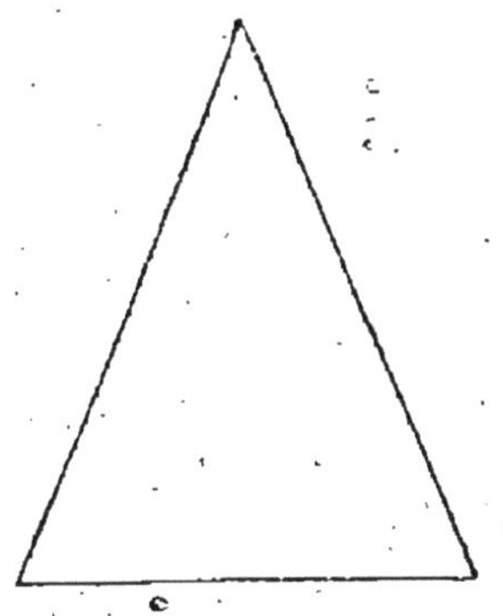

Triangle isocèle.

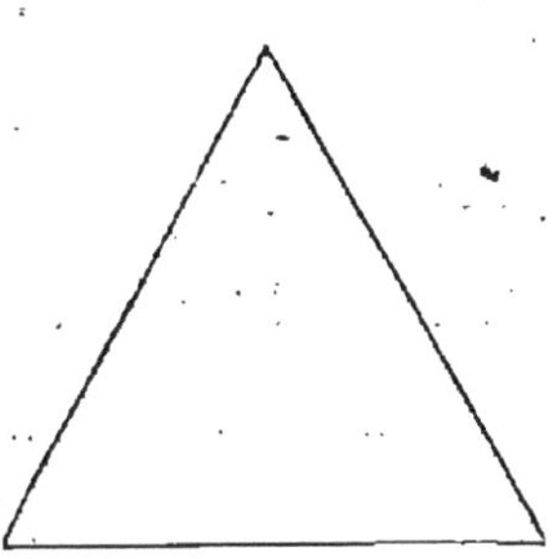

Triangle équilatéral et équiangle.

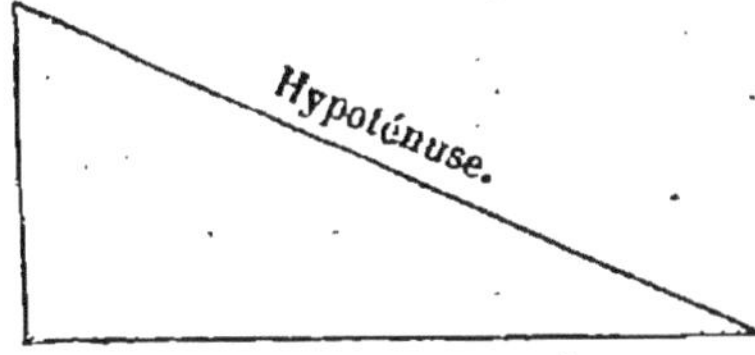

Triangle rectangle.

Fig. 19.

quand il a ses trois angles égaux, RECTANGLE quand il a un angle droit : dans ce cas le côté opposé à l'angle droit s'appelle HYPOTÉNUSE (fig. 19).

18. — Théorème I. — *Chaque côté d'un triangle est plus petit que la somme des deux autres et plus grand que leur différence.*

Ainsi le côté BC (fig. 20) est plus petit que BA + AC, parce que la ligne droite est la plus courte que l'on puisse mener de B en C. C'est ce que nous écrivons :

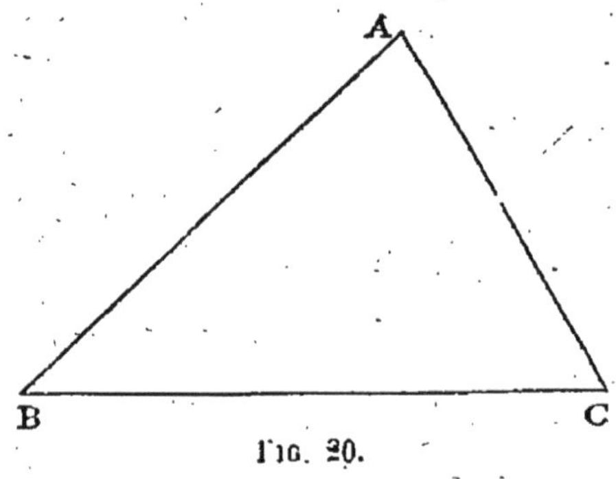

FIG. 20.

$$BC < BA + AC \ (1).$$

Retranchons AC de part et d'autre (en supposant AC < BC) : l'inégalité subsiste dans le même sens. Ainsi :

$$BC - AC < BA,$$

ou

$$BA > BC - AC.$$

19. — Théorème II. — *Si l'on mène, d'un point D pris à l'intérieur d'un triangle ABC, des droites aux extrémités d'un côté BC, la somme de ces deux droites est plus petite que la somme des deux autres côtés* (fig. 21).

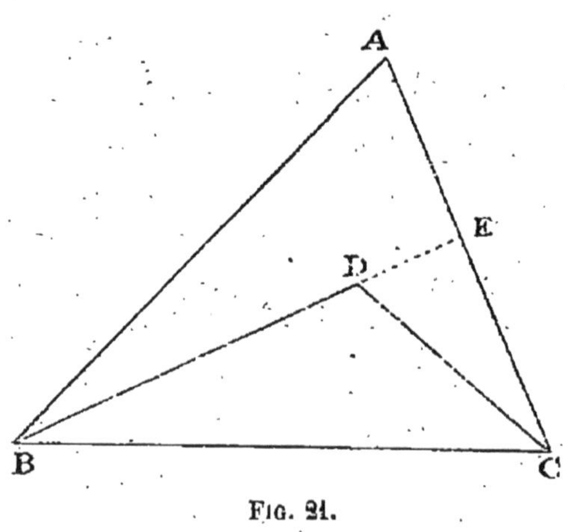

FIG. 21.

Prolongeons la droite BD jusqu'à la rencontre de AC en E. D'après le théorème I, on peut écrire successivement :

$$BD + DE < BA + AE,$$
$$DC < DE + EC.$$

Ajoutons ces deux inégalités membre à membre, et suppri-

____

(1) Le signe < s'énonce *plus petit que*, et le signe >, *plus grand que.*

mons DE de part et d'autre, nous aurons :
$$BD + DC < BA + AE + EC,$$
ou $$BD + DC < BA + AC,$$
ce qu'il fallait prouver.

Cas d'égalité des triangles.

20. — **Théorème III.** — *Deux triangles sont égaux lorsqu'ils ont un côté égal adjacent à deux angles égaux chacun à chacun.*

Soient les deux triangles ABC, A'B'C' (fig. 22), ayant les côtés BC, B'C' égaux, ainsi que les angles B et B', et les angles C et C'.

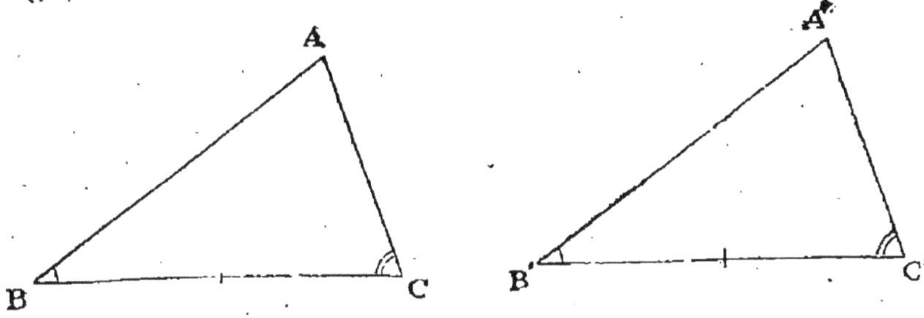

Fig. 22.

Plaçons le second triangle sur le premier, en appliquant le côté B'C' sur son égal BC, le point B' tombant en B et le point C' en C. L'angle B' étant égal à l'angle B, le côté B'A' prend la direction BA, et le point A' tombe quelque part sur la droite BA ou sur son prolongement ; de même l'angle C' étant égal à l'angle C, le point A' tombe sur un point de CA ou de son prolongement. Le point A' devant tomber à la fois sur les deux droites BA, CA, tombe à leur intersection A. Ainsi les triangles coïncident et sont égaux.

Corollaire. — *Quand deux triangles ont un côté égal adjacent à des angles égaux chacun à chacun, aux angles égaux sont opposés des côtés égaux.*

21. — **Théorème IV.** — *Deux triangles sont égaux lorsqu'ils ont un angle égal compris entre deux côtés égaux chacun à chacun.*

Soient les deux triangles ABC, A'B'C' (fig. 23) ayant les angles A et A' égaux, ainsi que les côtés AB et A'B', et les côtés AC et A'C'.

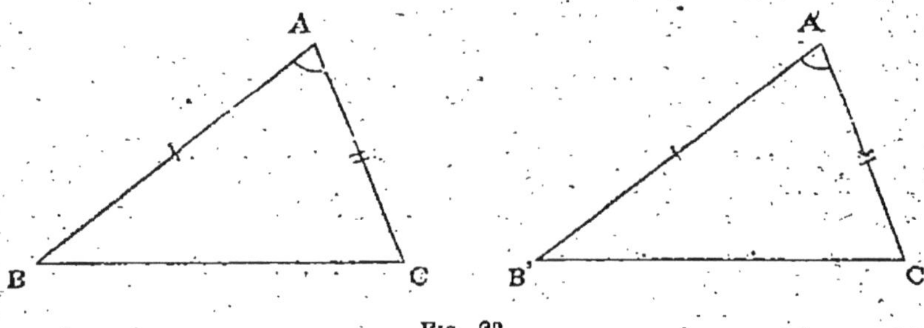

FIG. 23.

Plaçons le second sur le premier en appliquant le côté AB sur son égal A'B', A' tombant en A et B' en B. L'angle A' étant égal à l'angle A, le côté A'C' prend la direction AC, et comme A'C' est égal à AC, le point C' tombe en C. Les côtés B'C' et BC, ayant les mêmes extrémités, coïncident. Donc les triangles coïncident et sont égaux.

COROLLAIRE. — *Lorsque deux triangles ont un angle égal compris entre deux côtés égaux chacun à chacun, aux côtés égaux sont opposés des angles égaux.*

22. — **Théorème V.** — *Lorsque deux triangles ont un angle inégal compris entre deux côtés égaux chacun à chacun, le troisième côté est inégal, et au plus grand de ces deux angles est opposé le plus grand côté.*

Soient les triangles ABC, A'B'C' (fig. 24), ayant l'angle BAC plus grand que l'angle B'A'C', le côté AB égal au côté A'B', et le côté AC égal au côté A'C'. Je dis que le côté BC est plus grand que le côté B'C'.

Portons le second sur le premier, de telle sorte que A'B' coïncide avec son égal AB; le côté A'C' se place, d'après l'hypothèse, dans l'angle BAC, et le triangle B'A'C' prend la position BAD. Menons la bissectrice de l'angle DAC, laquelle rencontre le côté BC en E, et traçons la droite DE. Les deux triangles DAE, CAE sont égaux comme ayant un angle égal en A compris entre côtés égaux chacun à chacun (théor. IV);

donc $DE = EC$. Mais
$$BD < BE + ED \qquad \text{(théor. I)},$$
et, en remplaçant ED par son égal EC :
$$BD < BE + EC,$$
ou
$$BD < BC.$$
Comme BD n'est autre que B'C', on peut donc dire :
$$B'C' < BC,$$
ce qu'il fallait démontrer.

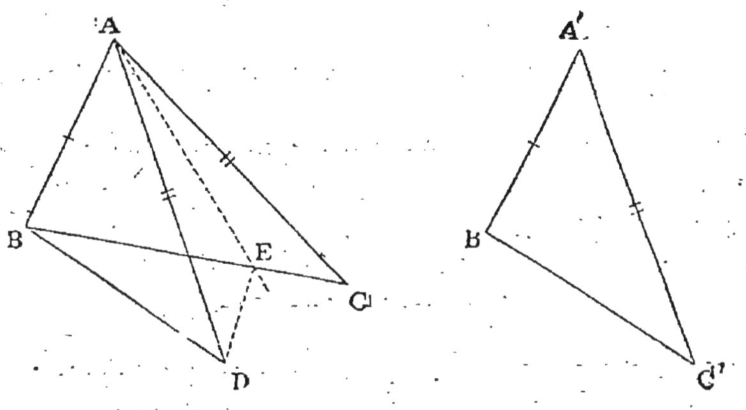

FIG. 24.

COROLLAIRE. — *Si deux triangles ont deux côtés égaux chacun à chacun, et le troisième côté inégal, l'angle opposé au troisième côté est inégal, et au plus grand de ces troisièmes côtés est opposé le plus grand angle.*

En effet, si cet angle était égal, les triangles seraient égaux (théor. IV), ce qui est contre l'hypothèse. Il est donc inégal, et au plus grand angle est opposé le plus grand côté.

On peut dire plus simplement que les théorèmes IV et V étant contraires, le réciproque du théorème IV s'ensuit.

23. — **Théorème VI.** — *Deux triangles ABC, A'B'C', sont égaux quand ils ont leurs trois côtés égaux chacun à chacun.*

En effet, si les angles A et A' (fig. 25) étaient inégaux, comme ils sont compris entre côtés égaux chacun à chacun, les côtés opposés seraient inégaux (théor. V), ce qui est contre l'hypothèse. Les angles A et A′ étant égaux et com-

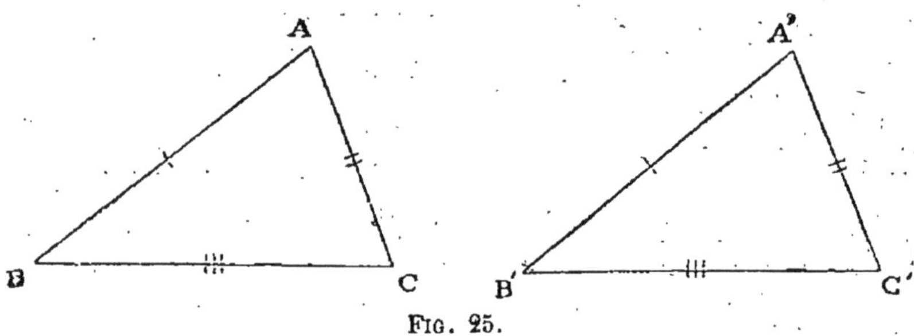

FIG. 25.

pris entre côtés égaux chacun à chacun, les triangles sont égaux (théor. IV).

COROLLAIRE. — *Lorsque deux triangles ont leurs trois côtés égaux chacun à chacun, aux côtés égaux sont opposés des angles égaux.*

Triangle isocèle.

24. — Théorème VII. — *Dans tout triangle isocèle, les angles opposés aux côtés égaux sont égaux.*

Soit le triangle isocèle ABC (fig. 26), dans lequel AB=AC. Joignons le point A par une droite au milieu D de BC. Les triangles ABD, ACD sont égaux comme ayant leurs trois côtés égaux chacun à chacun. Donc les angles B, C, opposés au côté commun AD, sont égaux (théor. VI), ce qu'il fallait démontrer.

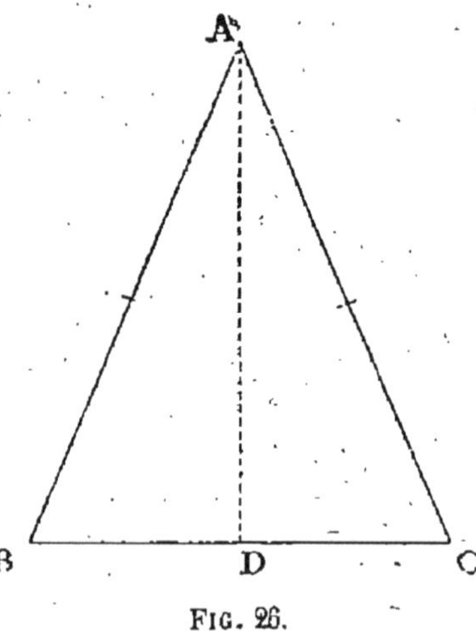

FIG. 26.

COROLLAIRE I. — Dans les deux mêmes triangles, les angles ADB, ADC, opposés à des côtés égaux, sont égaux; il en est de même des angles BAD, CAD. Donc *dans tout triangle isocèle, la droite qui joint le sommet au milieu de la base est perpendiculaire à la base et bissectrice de l'angle du sommet.*

CorollAIRE II. — *Tout trian-*
gle équilatéral est équiangle.

Car deux angles quelconques
A, B, opposés à des côtés égaux,
sont égaux (fig. 27).

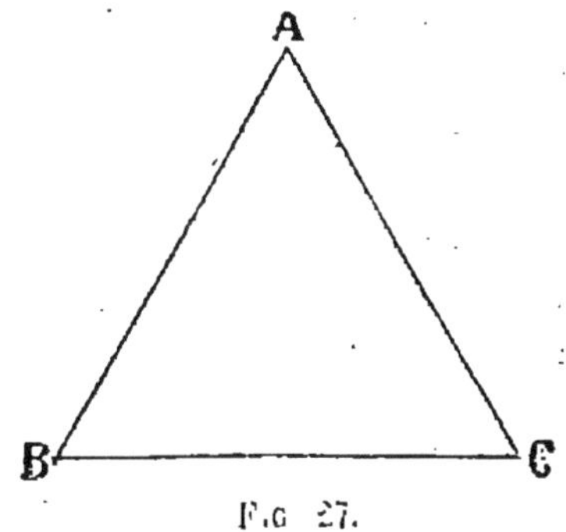

Fig. 27.

25. — Théorème VIII. — *Réciproquement, si un triangle a deux angles égaux, les côtés opposés à ces angles sont égaux et le triangle est isocèle.*

Soit le triangle ABC dans lequel les angles A et B sont égaux (fig. 28). Faisons un triangle égal A'B'C' (les mêmes lettres désignant les éléments égaux), et portons-le sur le

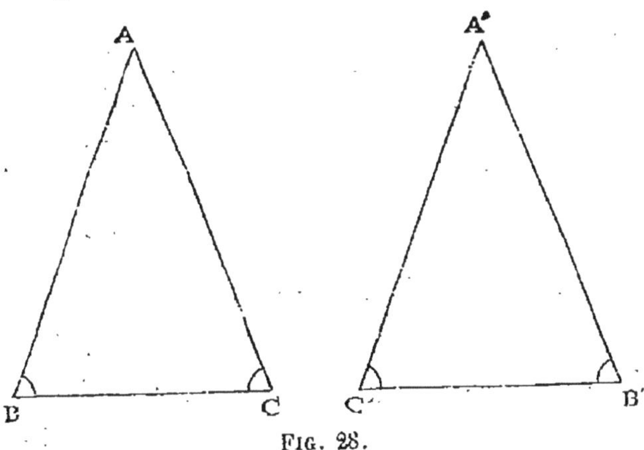

Fig. 28.

premier en appliquant le côté C'B' sur son égal BC de manière que le point B' tombe en C et le point C' en B. L'angle C' étant égal à l'angle B, le côté C'A' prend la direction BA, et l'angle B' étant égal à l'angle C, le côté B'A' prend la direction CA. Le point A' tombe donc à l'intersection A des côtés BA, CA, et les triangles coïncident. Il en résulte que

AB $=$ A'C'; mais par hypothèse AC $=$ A'C'. Donc AB $=$ AC, ce qu'il fallait démontrer.

COROLLAIRE. — *Tout triangle équiangle est équilatéral.*

Car deux côtés quelconques AB, AC (fig. 27), opposés à des angles égaux, sont égaux.

26. — Théorème IX. — *Si un triangle a deux angles inégaux, les côtés opposés sont inégaux, et au plus grand angle est opposé le plus grand côté.*

Soit le triangle ABC (fig. 29), dans lequel l'angle ABC est plus grand que l'angle C. Faisons dans l'angle CBA l'angle CBD égal à l'angle C, et par conséquent plus petit que CBA. Dans le triangle DBC, les côtés DB, DC, opposés à des angles égaux, sont égaux (théor. VIII). Or

$$AB < AD + DB \text{ (th. I)}$$

et par conséquent

$$AB < AD + DC,$$

ou

$$AB < AC,$$

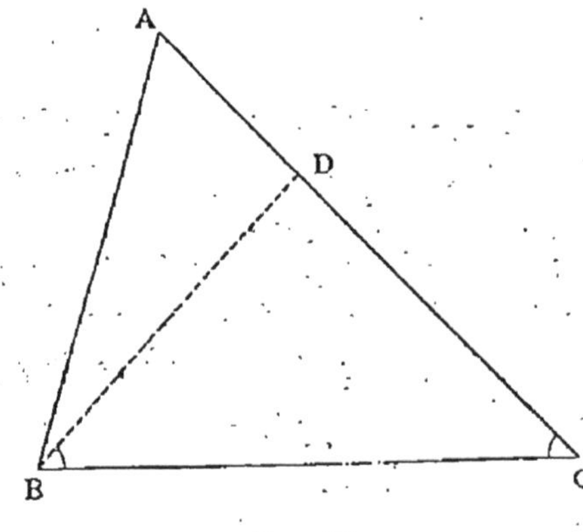

FIG. 29.

ce qu'il fallait démontrer.

COROLLAIRE. — *Réciproquement, si un triangle a deux côtés inégaux, les angles opposés sont inégaux, et au plus grand est opposé le plus grand angle.*

Car si ces angles étaient égaux, les côtés opposés seraient égaux (théor. VIII), ce qui est contre l'hypothèse. Les angles sont donc inégaux, et au plus grand est opposé le plus grand côté.

CHAPITRE III

PROPRIÉTÉS DES PERPENDICULAIRES ET DES OBLIQUES

Perpendiculaires et obliques.

27. — Théorème I. — *Par un point pris hors d'une droite on peut toujours mener une perpendiculaire à cette droite, et on n'en peut mener qu'une.*

Soit le point O pris hors de la droite AB (fig. 30). Faisons

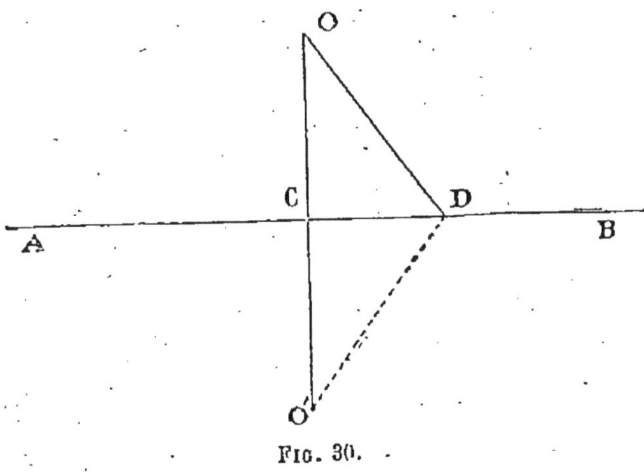

Fig. 30.

tourner la portion de plan OAB autour de AB et rabattons-la sur la portion du plan située de l'autre côté de cette droite. Le point O prend une position O'. Menons la droite OO', qui rencontre AB en C : les angles ACO, ACO' coïncident dans le rabattement que nous avons fait, puisque le point C ne change pas, et que O vient en O'. AC faisant avec OO' deux angles égaux, est donc perpendiculaire à cette droite, et réciproquement OO′ est perpendiculaire à AC (coroll. I, n° 12).

Je dis de plus que toute autre droite OD menée du point O à la droite AB lui est oblique. En effet, menons la droite O′D. Les angles ODC, O′DC sont égaux, puisqu'ils coïncident dans le rabattement. Mais les côtés non communs de ces angles adjacents ne sont pas en ligne droite : car, du point O au point O′, on ne peut mener qu'une seule ligne droite, qui est OCO′. Donc la somme de ces deux angles n'est pas égale à deux angles droits (théor. III, n° 13), et ODC, l'un d'eux, n'est pas droit, ce qu'il fallait démontrer.

Définition. — Deux points O et O′ sont dits *symétriques* par rapport à une droite AB, lorsque la droite AB est perpendiculaire à la droite OO′ et la partage en deux parties égales.

28. — **Théorème II.** — *Si d'un point pris hors d'une droite on mène à cette droite une perpendiculaire et des obliques :*

1° La perpendiculaire est plus courte que toute oblique;

2° Deux obliques qui s'écartent également du pied de la perpendiculaire sont égales;

3° Deux obliques qui s'écartent inégalement du pied de la perpendiculaire sont inégales, et la plus grande est celle qui s'en écarte le plus.

1° Soit le point O pris hors de la droite XY, OA perpendiculaire, OB oblique à XY (fig. 31). Prolongeons OA d'une longueur AO′ = OA, et menons la droite BO′. Les triangles OAB, O′AB sont égaux, puisqu'ils ont un angle égal en A, comme droit, compris entre côtés égaux chacun à chacun (théor. IV, n° 21). Donc OB = O′B. Or,

$$OO' < OB + BO',$$

et, en prenant la moitié de part et d'autre,

$$OA < OB.$$

2° Soient deux obliques OB, OC, s'écartant également du pied de la perpendiculaire OA, ce qui veut dire que l'on suppose AB = AC. Les triangles OAB, OAC sont égaux, puisqu'ils ont un angle égal en A, compris entre côtés égaux chacun à chacun. Donc OB = OC.

3° Soit l'oblique OD s'écartant plus que OB du pied de la perpendiculaire OA, c'est-à-dire qu'on suppose AD > AB.

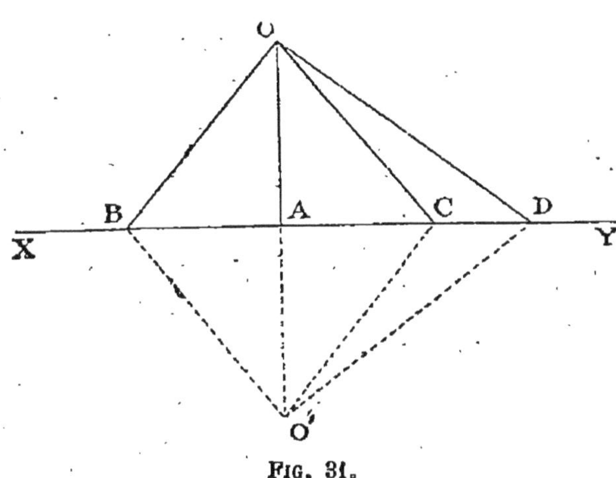

FIG. 31.

Prenons sur AD la longueur AC = AB, et menons les droites OC, O'C, O'D. Comme précédemment CO = CO', DO = DO'. Mais le point C étant à l'intérieur du triangle ODO', il en résulte (théor. II, n° 19) :

$$OC + CO' < OD + DO',$$

et, en prenant la moitié de part et d'autre :

$$OC < OD;$$

mais OC = OB, d'après 2° ; ainsi

$$OB < OD.$$

COROLLAIRE I. — Les propositions 2° et 3° étant contraires l'une de l'autre, leurs réciproques sont évidentes, savoir :

Deux obliques égales, menées d'un même point à une droite, s'écartent également du pied de la perpendiculaire abaissée du point sur la droite, et deux obliques inégales s'en écartent inégalement.

Corollaire II. — *L'hypoténuse* BC *d'un triangle rectangle* ABC *est le plus grand côté du triangle* (fig. 32).

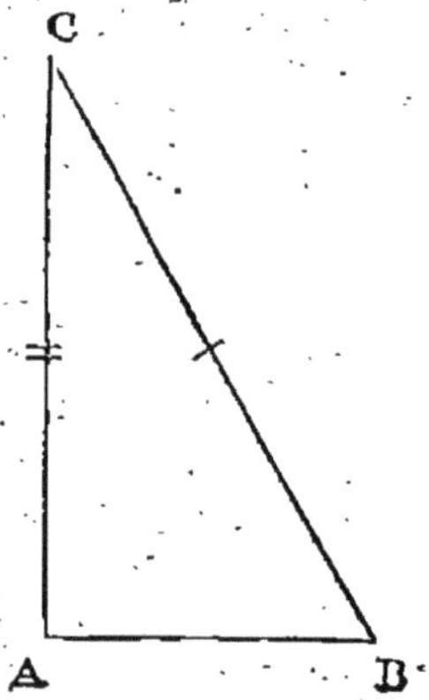

Car CB, oblique à la droite AB, est plus grande que la perpendiculaire CA.

Corollaire III. — *Chacun des angles adjacents à l'hypoténuse d'un triangle rectangle est aigu.*

Car l'hypoténuse étant le plus grand côté du triangle, l'angle opposé, c'est-à-dire l'angle droit, est le plus grand angle (coroll., n° 26).

Remarque. — La plus courte distance, qu'on appelle simplement la DISTANCE, d'un point à une droite, est la perpendiculaire abaissée de ce point sur la droite.

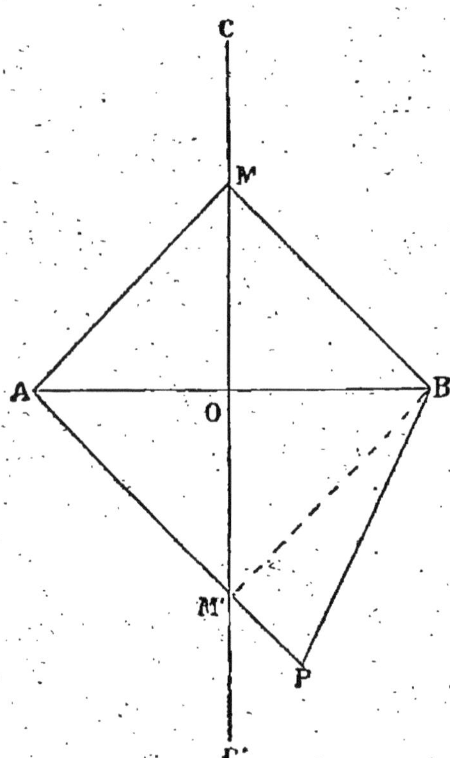

Fig. 32.

29. — **Théorème III.** — *Tout point pris sur la perpendiculaire élevée à une droite par son milieu est équidistant des deux extrémités de cette droite, et tout point pris hors de cette perpendiculaire est inégalement distant des deux extrémités.*

Soit la droite CC′ élevée perpendiculairement à la droite AB par son milieu O (fig. 33) :

1° Tout point M de cette droite est à égale distance des points A et B. Car les obliques MA, MB à la droite AB, s'écartant également du pied de la perpendiculaire MO, sont égales (théor. II) ;

2° Je dis de plus que tout point P pris en dehors

Fig. 33.

de cette perpendiculaire, est à des distances inégales des points A et B.

En effet, des deux droites PA, PB, l'une PA rencontre la perpendiculaire CC′ en un point M′. Menons la droite M′B ; elle est égale à M′A d'après 1°. Or,

$$PB < PM' + M'B,$$

ou, en remplaçant M′B par son égale M′A,

$$PB < PM' + M'A,$$

ou

$$PB < PA,$$

ce qu'il fallait démontrer.

Définition.— On appelle LIEU GÉOMÉTRIQUE, en géométrie plane, une ligne dont tous les points jouissent d'une certaine propriété, à l'exclusion de tous les autres points du plan.

Le théorème précédent peut donc s'énoncer ainsi : *Le lieu géométrique des points équidistants de deux points, est la perpendiculaire élevée à la droite qui joint ces deux points, par le milieu de cette droite.*

30. — APPLICATION. — *Trouver sur une ligne quelconque un point équidistant de deux points donnés.*

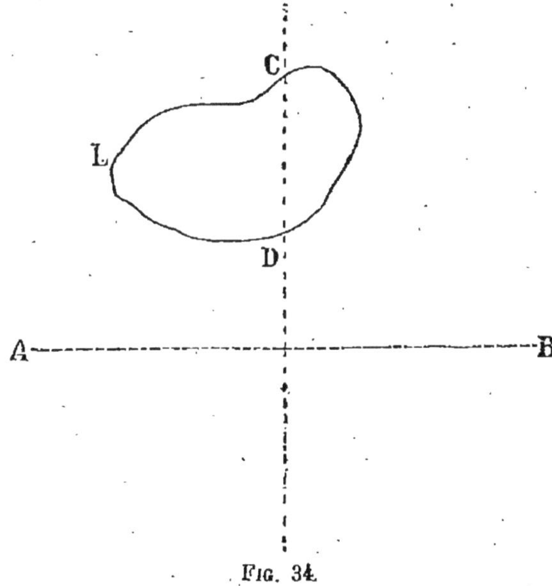

FIG. 34.

Soient A et B les deux points, L la ligne donnée (fig. 34). Il suffit de joindre les points A et B par une ligne droite, et d'élever à la droite AB une perpendiculaire qui la partage en deux parties égales. Les points C, D, où cette perpendiculaire rencontre la ligne L, satisfont à la question, et y satisfont seuls.

Le nombre des points d'intersection de la perpendiculaire et de la courbe varie suivant la nature et la situation de la ligne L par rapport aux points donnés. Il peut ne pas exister de point d'intersection : alors le problème n'a pas de solution.

Cas d'égalité des triangles rectangles.

31. — Théorème IV. — *Deux triangles rectangles sont égaux lorsqu'ils ont l'hypoténuse égale, et un angle aigu égal.*

Soient les deux triangles rectangles ABC, A'B'C', ayant l'hypoténuse égale BC = B'C', et un angle aigu égal, B = B' (fig. 35).

Portons le second sur le premier, en appliquant l'hypo-

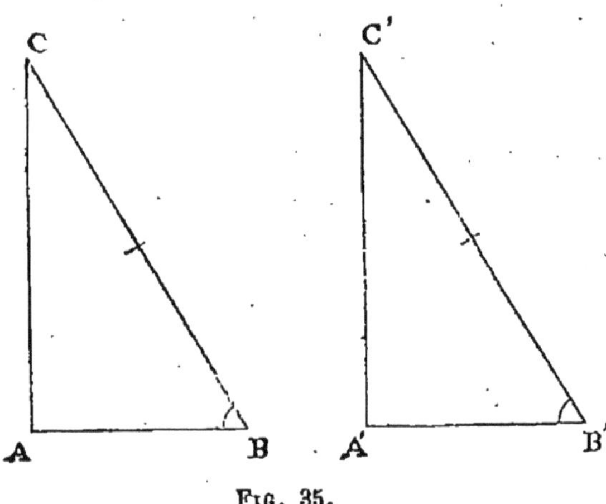

Fig. 35.

ténuse B'C' sur son égale BC : l'angle B' étant égal à l'angle B, le côté B'A' prend la direction BA, et le point A' tombe sur un point de BA ou de son prolongement. Mais on ne peut abaisser du point C qu'une perpendiculaire sur BA, et

e point A′ tombe sur un point de CA ou de son prolonge-
nent. Le point A′ tombe donc à l'intersection A des côtés
3A, CA, et les triangles coïncident.

32. — Théorème V. — *Deux triangles rectangles sont
gaux, lorsqu'ils ont l'hypoténuse égale et un côté de l'angle
lroit égal.*

Soient les deux triangles rectangles ABC, A′B′C′, ayant
l'hypoténuse égale BC = B′C′, et un côté de l'angle droit
gal AC = A′C′ (fig. 36).

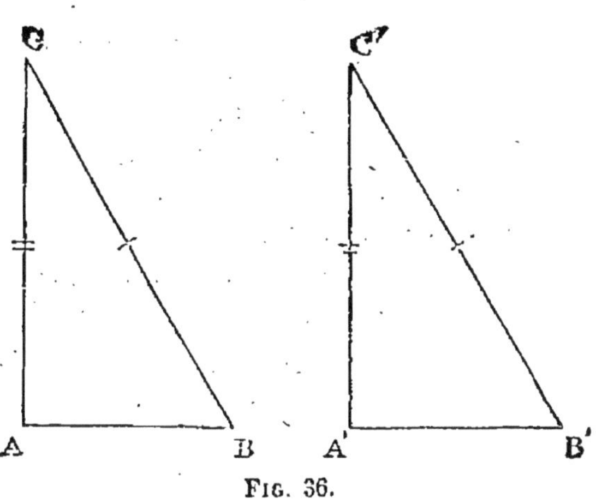

Fig. 36.

Portons le second sur le premier en appliquant le
côté A′C′ sur son égal AC. A′B′ prend la direction AB à
cause de l'égalité des angles droits A, A′, et le point B′
tombe sur un point de AB ou de son prolongement. Mais
les deux obliques égales CB, C′B′, issues du même point C,
s'écartent également du pied de la perpendiculaire CA
coroll. I, n° 28), et le point B′ ne peut tomber qu'en B.
Ainsi les triangles coïncident.

Propriété de la bissectrice d'un angle.

33. — Théorème VI. — *Tout point pris sur la bissectrice d'un angle est équidistant des deux côtés de cet angle,*

et réciproquement tout point équidistant des deux côtés d'un angle est sur la bissectrice de cet angle.

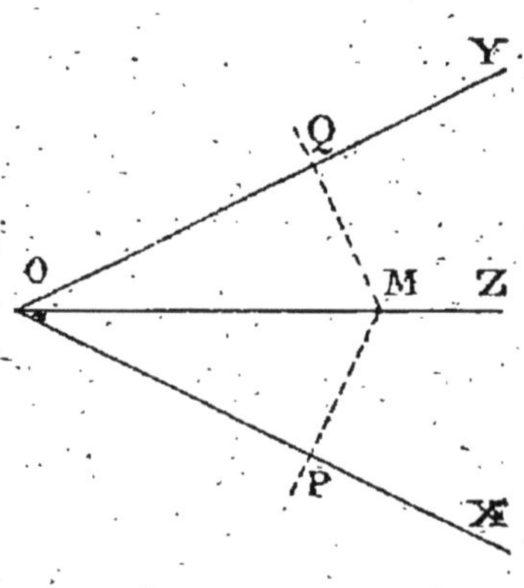

Fig. 37.

1° Soit un angle XOY, et M un point de la bissectrice OZ (fig. 37). Abaissons de ce point les perpendiculaires MP, MQ sur les côtés OX, OY. Les triangles rectangles OMP, OMQ sont égaux (théor. IV), comme ayant l'hypoténuse commune OM, et les angles en O égaux. Donc MP = MQ, c'est-à-dire que le point M est équidistant des deux côtés de l'angle.

2° Soit M un point tel que les perpendiculaires MP, MQ, abaissées de ce point sur les côtés de l'angle XOY soient égales. Menons la droite OM : les triangles rectangles OMP, OMQ sont égaux (théor. V) comme ayant l'hypoténuse commune OM, et un côté de l'angle droit égal, savoir MP = MQ par hypothèse. Donc, les angles MOP, MOQ sont égaux, et la droite OM est bissectrice de l'angle XOY.

Remarque. — Le théorème précédent peut s'énoncer ainsi : *La bissectrice d'un angle est le lieu géométrique des points équidistants des deux côtés de cet angle.*

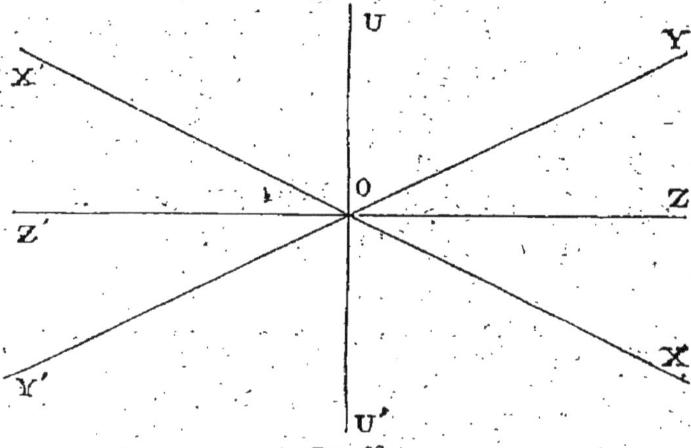

Fig. 38.

Mais deux droites XX', YY' qui se coupent forment quatre angles autour de leur point d'intersection O (fig. 38). Le lieu géométrique des points équidistants de ces deux droites indéfinies, se compose des bissectrices OZ, OZ', OU, OU', de ces quatre angles.

Nous laisserons au lecteur le soin de démontrer que, dans cette figure, les bissectrices des angles opposés par le sommet OZ et OZ', OU et OU' sont dans le prolongement l'une de l'autre, et que les droites ZZ', UU' sont perpendiculaires l'une sur l'autre.

34. — APPLICATION. — *Trouver dans un plan, sur une ligne donnée* L, *un point équidistant de deux droites données* XX', YY'.

Il suffit de mener les bissectrices des quatre angles formés par les quatre droites (fig. 39) : les points d'intersection A,

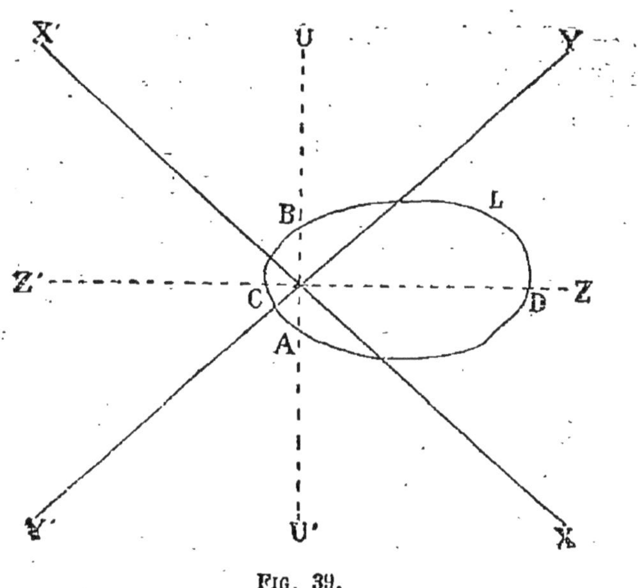

FIG. 39.

B, C, D de ces bissectrices et la ligne donnée satisfont à la question et y satisfont seuls.

Le nombre de ces points varie suivant la nature et la position de la ligne L par rapport aux droites.

CHAPITRE IV

PARALLÈLES

Des parallèles.

35. — **Définition.** — *Deux droites sont* PARALLÈLES *lorsque, situées dans un même plan, elles ne se rencontrent pas à quelque distance qu'on les prolonge.*

36. — **Théorème I.** — *Deux droites perpendiculaires à une troisième sont parallèles* (fig. 40).

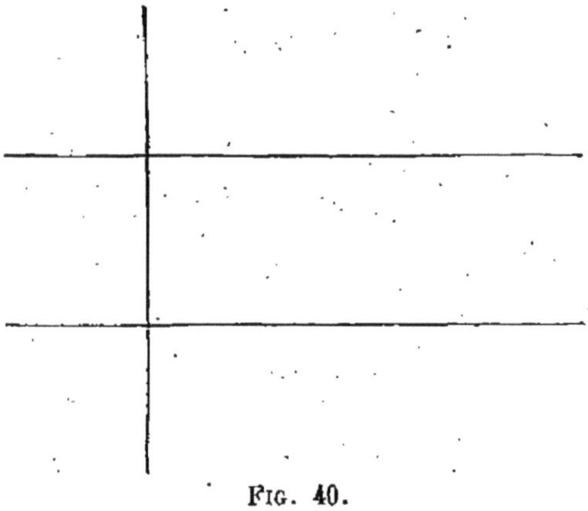

Car si elles se rencontraient, on pourrait, par leur point d'intersection, mener deux perpendiculaires à la troisième droite, ce qui est impossible (théor. I, n° 27).

Fig. 40.

37. — **Théorème II.** — *Par un point pris hors d'une droite, on peut mener une parallèle à cette droite, et on n'en peut mener qu'une.*

Du point O, pris hors de la droite AB (fig. 41), abaissons sur cette droite la perpendiculaire OC; puis, par le même point, menons la droite ED perpendiculaire à OC. Les droites

AB, ED sont parallèles, comme perpendiculaires à une troisième OC (théor. I).

Nous admettrons sans démonstration que l'on ne peut mener par le point O qu'une parallèle à AB.

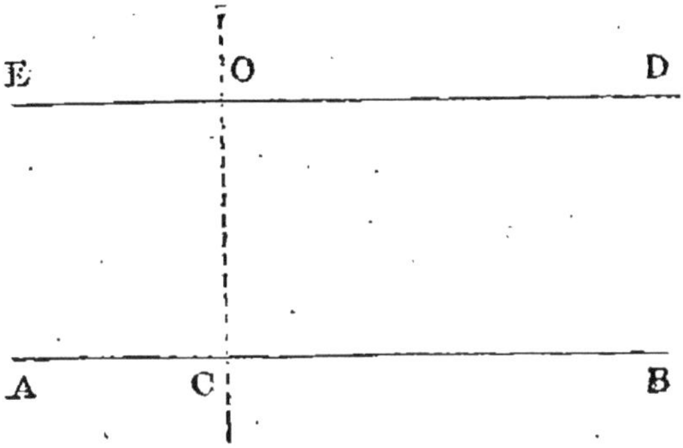

REMARQUE. — Cette seconde partie du théorème est connue sous le nom de POSTULATUM D'EUCLIDE.

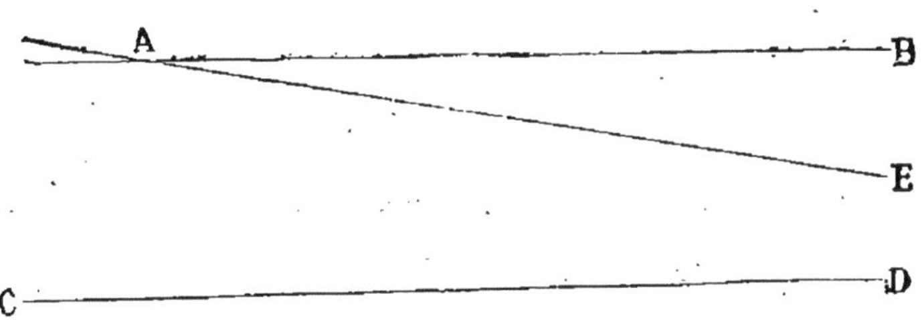

FIG. 41.

COROLLAIRE I. — *Lorsque deux droites AB, CD, sont parallèles, toute droite AE qui rencontre l'une rencontre aussi la seconde* (fig. 42).

FIG. 42.

Car autrement, on pourrait mener par le point A deux parallèles à CD, savoir AB et AE, ce qui est impossible.

COROLLAIRE II. — *Deux droites X, Y, parallèles à une troisième Z, sont parallèles entre elles* (fig. 43).

Car si elles se rencontraient, on pourrait, par leur point d'intersection, mener deux parallèles à la droite Z, ce qui est impossible.

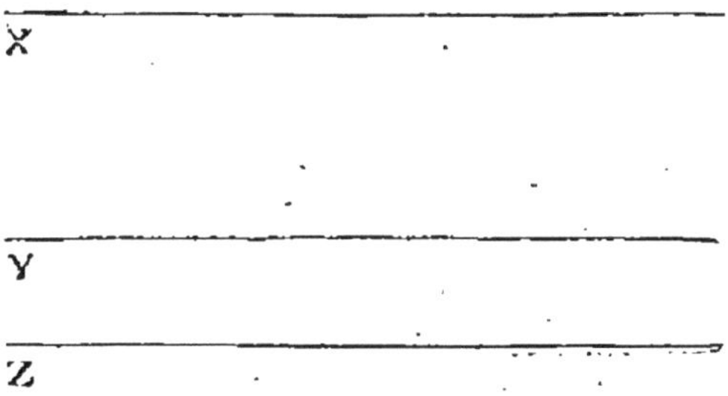

FIG. 43.

38. — Théorème III. — *Lorsque deux droites sont parallèles, toute perpendiculaire à l'une est perpendiculaire à l'autre.*

Soient X et Y (fig. 44), deux droites parallèles, et AB perpendiculaire à X. Rencontrant X, elle rencontre aussi Y en un point B (coroll. I, n° 37). Par ce point, menons la perpendiculaire à AB : cette perpendiculaire est parallèle à X, puisque toutes deux sont per-

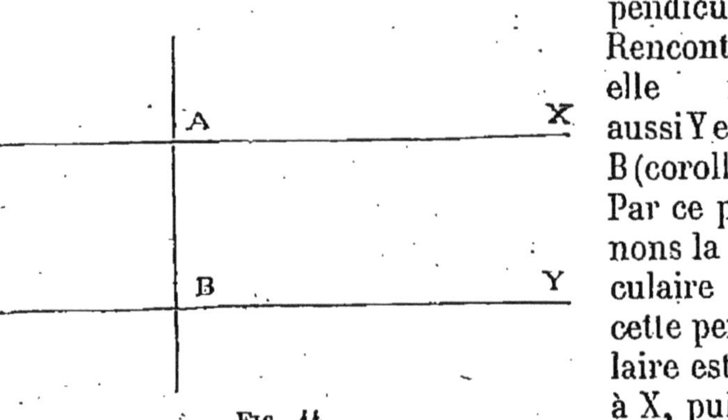

FIG. 44

pendiculaires à AB (théor. I). Donc, elle se confond avec Y, puisqu'on ne peut mener par le point B qu'une parallèle à X. Ainsi Y est perpendiculaire à AB, et réciproquement AB perpendiculaire à Y, ce qu'il fallait démontrer.

39. — Théorème IV. — *Lorsque deux droites se coupent, leurs perpendiculaires se coupent.*

Soient Y et Y′ des perpendiculaires à des droites X et X′ (fig. 45), qui se coupent. Si Y et Y′ étaient parallèles, X,

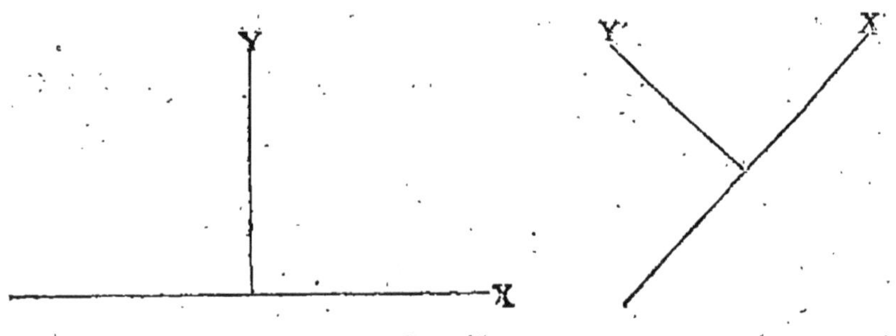

FIG. 45.

perpendiculaire à Y, le serait aussi à la parallèle Y′; donc X et X′ seraient parallèles, ce qui est contre l'hypothèse.

40. — **Théorème V.** — *Lorsque deux parallèles sont coupées par une sécante (1), tous les angles aigus formés par ces lignes sont égaux, ainsi que les angles obtus.*

Soient les deux parallèles X, Y (fig. 46), coupées par la sécante Z, en A et en B. Par le milieu O de AB, menons la droite CD

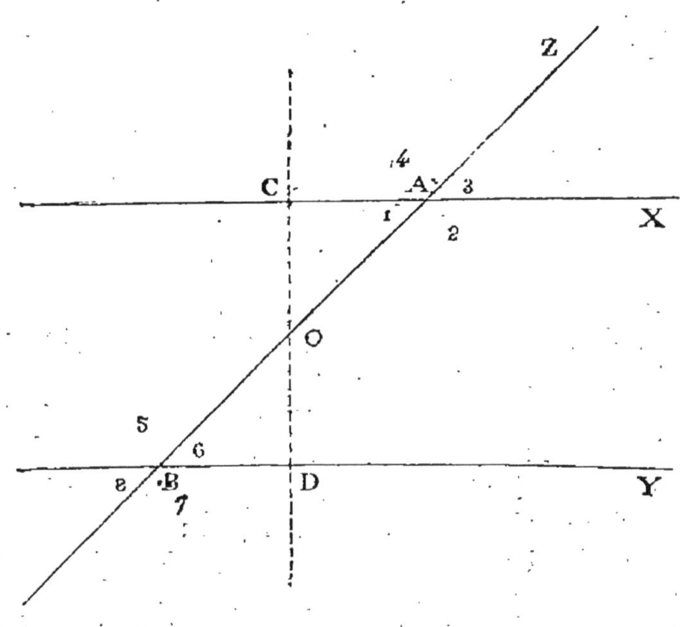

FIG. 46.

perpendiculaire aux deux parallèles. Les triangles rectangles OAC, OBD sont égaux, puisqu'ils ont l'hypoténuse égale et un angle aigu égal, savoir : OA = OB par construction, et les angles en O égaux comme opposés par le sommet (théor. IV, n° 31). Donc, leurs autres angles aigus 1 et 6 sont égaux. Les deux angles aigus 3 et 8, opposés par le sommet à ceux-ci, sont aussi égaux.

Quant aux angles obtus, 2, 4, 5 et 7, ils sont égaux entre eux, puisque chacun est le supplément de l'un des angles aigus.

____

(1) On appelle ainsi une droite qui coupe une ou plusieurs autres lignes.

Définition. — Lorsque deux droites X, Y, sont coupées par une sécante Z (fig. 47) :

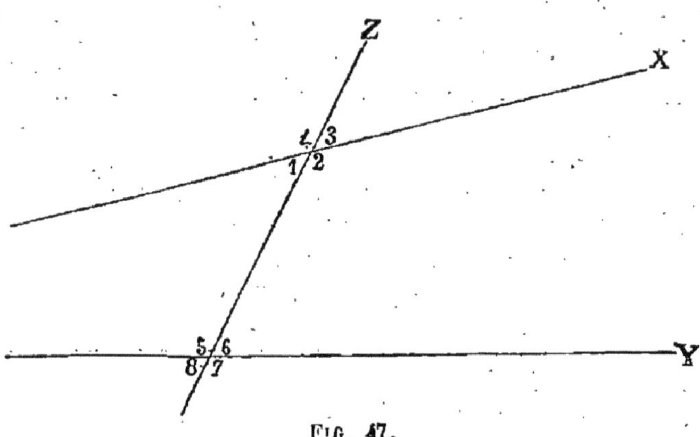

Fig. 47.

1° Les angles 1 et 6 sont dits ALTERNES INTERNES, ainsi que les angles 2 et 5 ;

2° Les angles 3 et 8 sont dits ALTERNES EXTERNES, ainsi que les angles 4 et 7 ;

3° Les angles 1 et 8 sont dits CORRESPONDANTS ; il en est de même des angles 4 et 5, 3 et 6, 2 et 7 ;

4° Les angles 1 et 5 sont dits INTERNES D'UN MÊME CÔTÉ DE LA SÉCANTE, ainsi que les angles 2 et 6 ;

5° Les angles 4 et 8 sont dits EXTERNES D'UN MÊME CÔTÉ DE LA SÉCANTE, ainsi que les angles 3 et 7.

REMARQUE. — Le théorème précédent se décompose dans les cinq propositions suivantes.

Deux parallèles forment avec une sécante :

1° Des angles alternes internes égaux ;

2° Des angles alternes externes égaux ;

3° Des angles correspondants égaux ;

4° Des angles internes d'un même côté de la sécante, supplémentaires ;

5° Des angles externes d'un même côté de la sécante, supplémentaires.

41. — **Théorème VI.** — *Deux droites non parallèles forment avec une sécante :*

1° *Des angles alternes internes inégaux;*

2° *Des angles alternes externes inégaux;*

3° *Des angles correspondants inégaux;*

4° *Des angles internes d'un même côté de la sécante, non* *upplémentaires;*

5° *Des angles externes d'un même côté de la sécante, non* *upplémentaires*

Soient les droites non parallèles X et Y coupées par la :écante Z en A et en B (fig. 48). Menons par le point B la

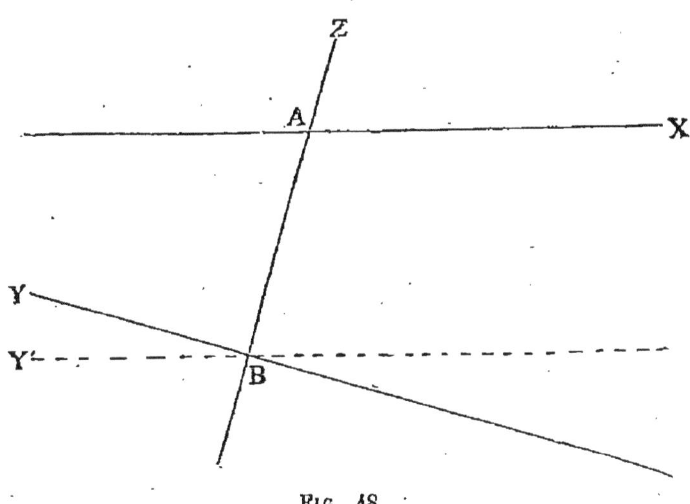

FIG. 48.

lroite Y', parallèle à X. Les angles XAB, Y'BA, alternes nternes par rapport aux parallèles X, Y', coupées par la :écante Z, sont égaux. Mais l'angle YBA diffère de Y'BA, ce |ui prouve la proposition 1°. On démontre de même les autres.

42. — **Théorème VII.** — *Deux droites sont parallèles* orsqu'elles forment avec une sécante :

1° *Ou des angles alternes internes égaux;*

2° *Ou des angles alternes externes égaux;*

3° *Ou des angles correspondants égaux;*

4° *Ou des angles internes d'un même côté de la sécante,* *upplémentaires;*

5° *Ou des angles externes d'un même côté de la sécante, supplémentaires.*

Ce théorème, réciproque du théorème V, est une conséquence immédiate de celui-ci et de son contraire (théorème VI).

43. — Théorème VIII. — *Deux angles qui ont leurs côtés parallèles sont égaux ou supplémentaires.*

Premier cas : Les angles YOX, Y'O'X' (fig. 49), ont

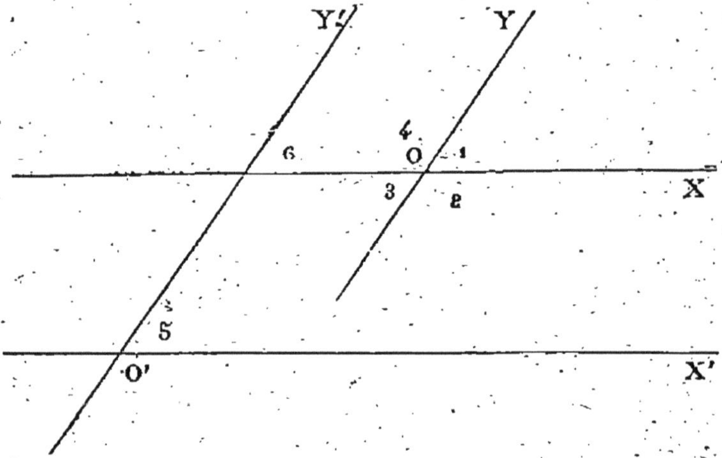

Fig. 49.

leurs côtés dirigés dans le même sens ; je dis qu'ils sont égaux. En effet, les angles 1 et 6 sont égaux comme correspondants par rapport aux parallèles Y, Y', coupées par la sécante X ; 6 et 5 sont égaux comme correspondants par rapport aux parallèles X, X', coupées par la sécante Y'. Donc les angles 1 et 5 sont égaux.

Deuxième cas : Les angles (3 et 5) ont leurs côtés dirigés en sens contraire ; ils sont encore égaux. Car l'angle 3 est égal à 1, son opposé par le sommet, et, par suite, à 5, égal de 1.

Troisième cas : Les angles (4 et 5) ont deux côtés dirigés dans le même sens, deux dirigés en sens contraire ; je dis qu'ils sont supplémentaires. En effet, 4 est le supplément de 1, et, par suite, de son égal 5.

44. — * **Théorème IX** (1). — *Deux angles qui on leurs côtés respectivement perpendiculaires sont égaux ou supplémentaires.*

PREMIER CAS : Les deux angles ABC, DEF (fig. 50), sont aigus.

ED est supposé perpendiculaire à BA, et EF à BC. Je mène, par le point E, les deux droites EG, EH, respective-

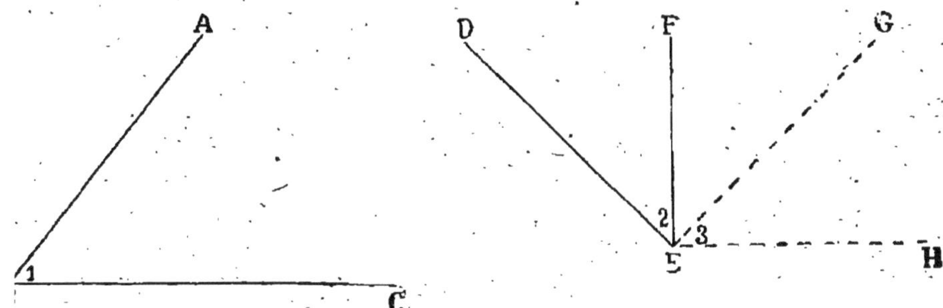

FIG. 50.

ment parallèles à BA, BC, et de même sens : elles sont en même temps perpendiculaires aux deux droites ED, EF (théor. III). Les angles 1 et 3 sont égaux, comme ayant leurs côtés parallèles et de même sens. Mais 2 et 3 sont égaux, puisqu'en ajoutant à l'un ou à l'autre le même angle FEG, on forme un angle droit DEG ou FEH. Donc, les angles 1 et 2 sont égaux.

DEUXIÈME CAS : Les deux angles (1 et 2) sont obtus (fig. 51).

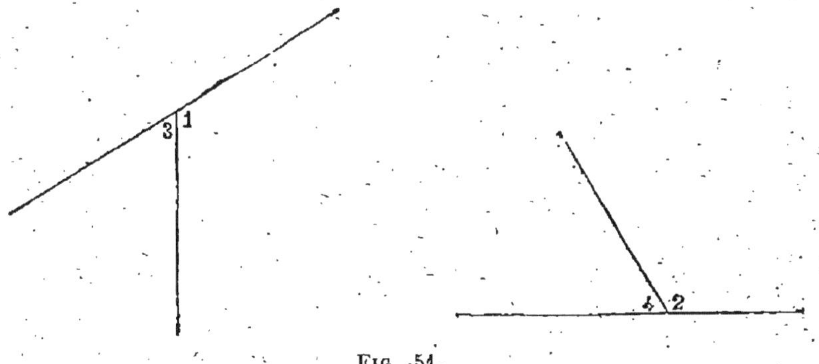

FIG. 51.

Je prolonge un côté de chacun d'eux au delà du som

____

(1) Les paragraphes marqués d'un astérisque peuvent être étudiés en *philosophie seulement.*

met. Les angles 3 et 4, suppléments des premiers, sont aigus, et par suite égaux, d'après le premier cas. Donc, leurs suppléments 1 et 2 le sont aussi.

TROISIÈME CAS : Les angles (1 et 4) sont l'un obtus, l'autre aigu.

1 étant le supplément de 3, l'est aussi de 4, égal de 3.

Somme des angles d'un triangle, d'un polygone.

45. — Théorème X. — *La somme des angles d'un triangle est égale à deux angles droits.*

Soit un triangle ABC (fig. 52). Traçons le prolongement

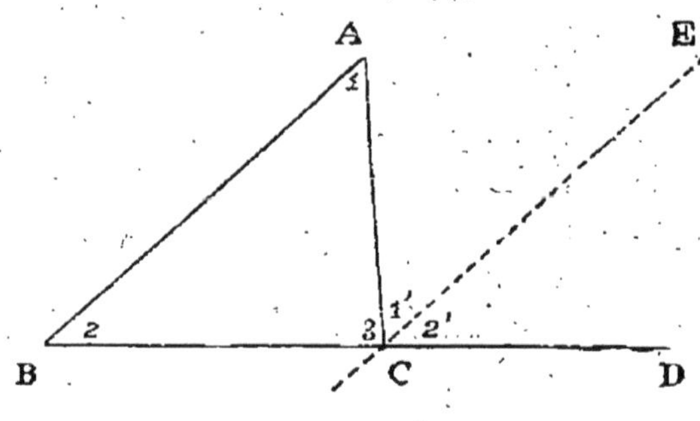

FIG. 52.

CD de BC, et menons CE parallèle à BA. Les angles 1 et 1′ sont égaux comme alternes internes par rapport aux parallèles BA, CE, coupées par la sécante AC; 2 et 2′ le sont aussi, comme correspondants par rapport aux mêmes parallèles coupées par la sécante BD. Or, les trois angles 3, 1′, 2′, ont pour somme deux droits (coroll. II, n° 12). Donc, il en est de même des trois angles 1, 2, 3, du triangle.

COROLLAIRE I. — *Si deux triangles ont deux angles égaux chacun a chacun, le troisième angle est aussi égal.*

Définition. — *On appelle angle* EXTÉRIEUR *d'un triangle ABC, un angle ACD formé par un côté et le pro-longement d'un autre.*

CONOLLAIRE II. — *Tout angle extérieur d'un triangle est égal à la somme des deux angles intérieurs qui ne lui sont pas adjacents.*

Nous venons de voir, en effet, que l'angle ACD est la somme de deux angles 1′ et 2′, égaux respectivement aux deux angles 1 et 2 du triangle qui ne lui sont pas adjacents.

COROLLAIRE III. — *Un triangle ne peut avoir qu'un seul angle droit ou obtus.*

COROLLAIRE IV. — *Dans tout triangle rectangle, les deux angles aigus sont complémentaires.*

COROLLAIRE V. — *Chaque angle d'un triangle équila-téral est égal aux deux tiers d'un angle droit.*

En effet, un triangle équilatéral étant équiangle, chacun de ses angles vaut le tiers de leur somme.

46. — **Définition**. — *Un* POLYGONE *est une portion de plan terminée par des lignes droites* (fig. 53).

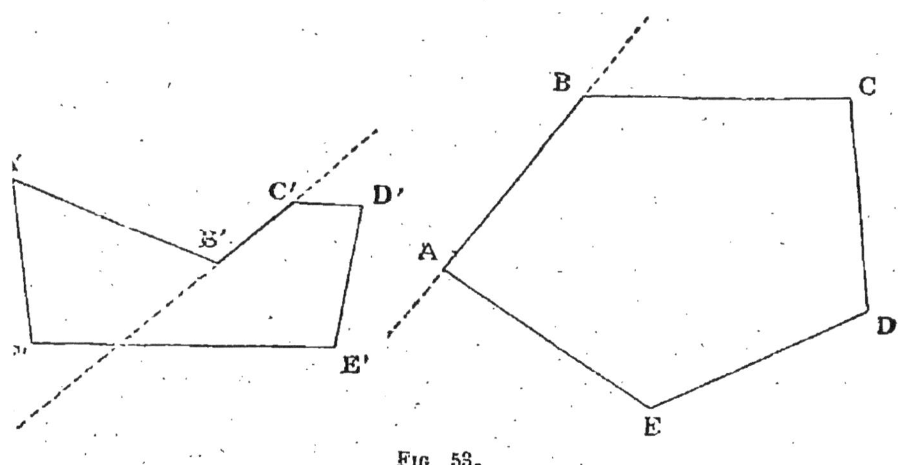

FIG 53.

Ces lignes droites s'appellent les CÔTÉS du polygone.

Un polygone est CONVEXE quand il est tout entier d'un même côté de chacune des droites qui le terminent : tel est le polygone ABCDE. Il est CONCAVE dans le cas contraire : ainsi le polygone A′B′C′D′E′F′ est concave puisqu'il a une portion de chaque côté de la droite B′C′ prolongée.

Un polygone de trois côtés s'appelle TRIANGLE ; de quatre côtés, QUADRILATÈRE ; de cinq côtés, PENTAGONE ; de six côtés,

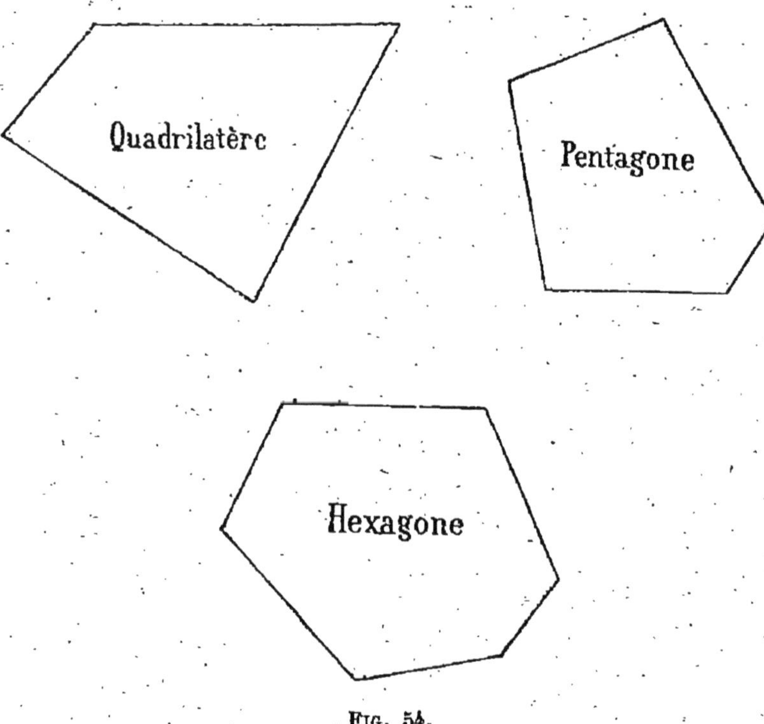

FIG. 54.

hexagone (fig. 54) ; de dix côtés, DÉCAGONE ; de douze côtés, DODÉCAGONE ; de quinze côtés, PENTÉDÉCAGONE.

Une DIAGONALE d'un polygone est une droite qui joint deux sommets non consécutifs. Telles sont AC, AD, AE, AF (fig. 55).

47. — Théorème XI. — *La somme des angles inté-rieurs d'un polygone convexe vaut autant de fois deux angles droits que le polygone a de côtés, moins deux.*

Soit le polygone ABCDEFG (fig. 55). Décomposons-le en

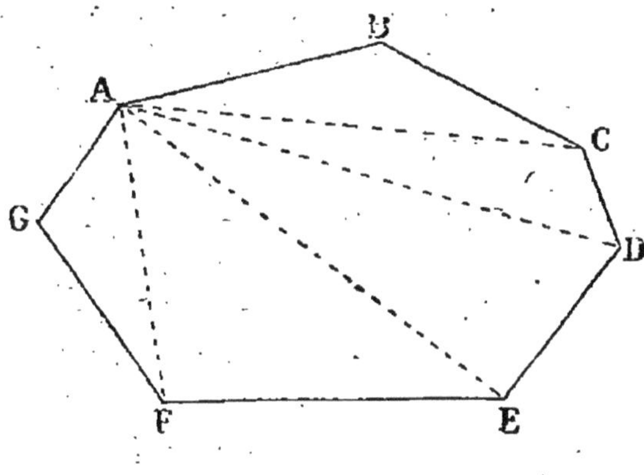

FIG. 55.

triangles au moyen de diagonales issues du point A. Le nombre de ces triangles est inférieur de deux au nombre des côtés du polygone : car chaque triangle a un côté commun avec le polygone, à l'exception du premier et du dernier triangle ABC, AGF, qui en ont deux. De plus, la somme des angles des triangles est égale à la somme des angles du polygone. Or, la somme des angles de chaque triangle est égale à deux angles droits. Donc, la somme des angles de tous les triangles, ou celle des angles du polygone, est égale à autant de fois deux droits que le polygone a de côtés, moins deux.

Formule. — Désignons par n le nombre des côtés du polygone. La somme de ses angles se représente par

$$(n - 2) \times 2,$$

ou

$$2n - 4 \text{ angles droits.}$$

47 bis. — **Théorème XII**. — *Si l'on prolonge dans le même sens tous les côtés d'un polygone convexe, la somme des angles extérieurs ainsi formés, est égale à quatre angles droits.*

Soit le polygone ABCDEFG (fig. 56), et 1, 2, 3, 4, 5, 6, 7,

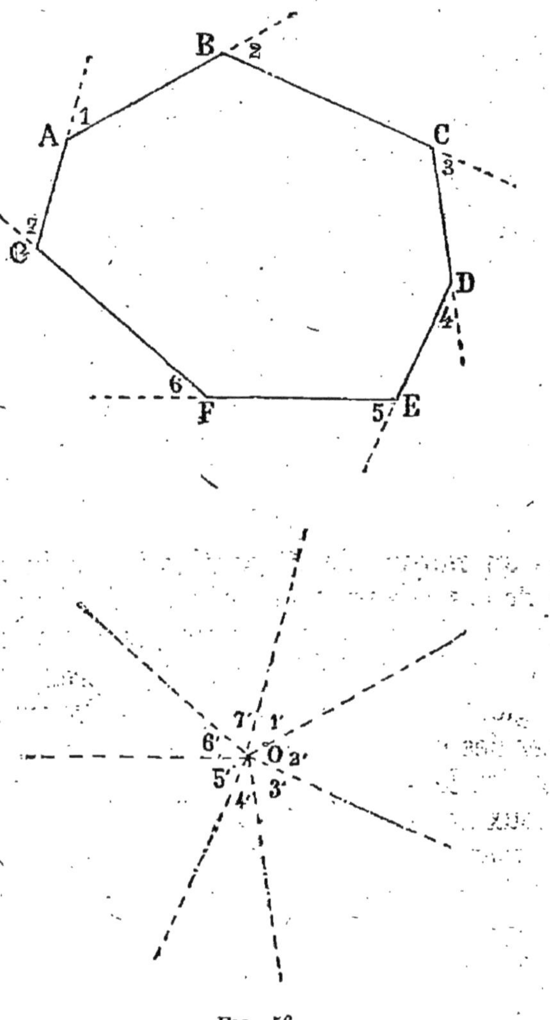

FIG. 56.

les angles extérieurs. Par un point quelconque O, menons des droites parallèles aux côtés et dirigées dans le même sens que les prolongements.

Les angles 1, 2, 3, etc., sont respectivement égaux aux angles ainsi formés, 1', 2', 3', etc. Donc, leur somme vaut quatre angles droits (coroll. III, n° 12).

Remarque. — En ajoutant la somme des angles intérieurs, $2n - 4$ droits, et celle des angles extérieurs 4 droits, on obtient $2n$ droits. C'est ce qu'on pouvait prévoir : car la somme de l'angle intérieur et de l'angle extérieur, formés à chacun des n sommets, vaut 2 droits, ce qui fait en tout $2n$ droits.

Du parallélogramme.

48. — Définitions. — *Un* PARALLÉLOGRAMME *est un quadrilatère dont les côtés opposés sont parallèles.*

Un RECTANGLE *est un parallélogramme dont les angles sont droits.*

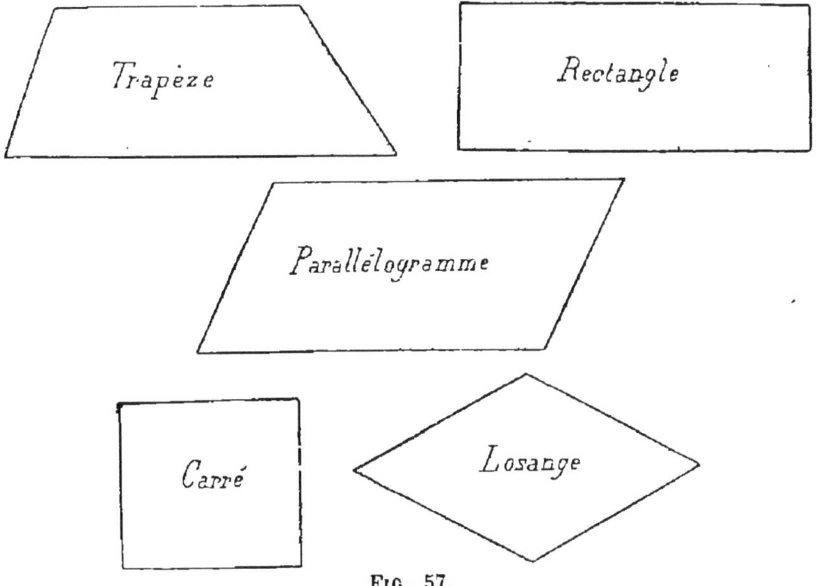

Fig. 57.

Un LOSANGE *est un quadrilatère dont les quatre côtés sont égaux.*

Un CARRÉ *est un rectangle dont les quatre côtés sont égaux.*

Un TRAPÈZE *est un quadrilatère dont deux côtés sont parallèles.*

49. — **Théorème XIII**. — *Dans tout parallélogramme, les côtés opposés sont égaux, ainsi que les angles opposés.*

Soit le parallélogramme ABCD (fig. 58).

1° Menons la diagonale BD. Les deux triangles ABD, CBD, sont égaux, parce qu'ils ont un côté égal adjacent à deux angles égaux chacun à chacun, savoir : le côté BD commun, les angles 1 et 1′ égaux comme alternes internes par rap=

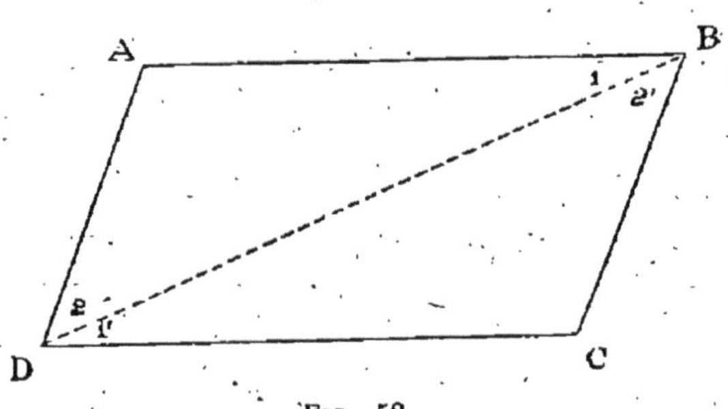

Fig. 58.

port aux parallèles AB, DC, coupés par la sécante BD ; les angles 2 et 2′ égaux par une raison semblable. Donc, les côtés AD, BC de ces triangles, opposés aux angles égaux 1 et 1′, sont égaux ; il en est de même des côtés AB, DC.

2° Quant aux angles opposés, comme A et C, ou ABC et ADC, ils sont égaux comme ayant leurs côtés parallèles et dirigés en sens contraire (théor. VIII).

Corollaire I. — *Des portions de parallèles AD, BC,*

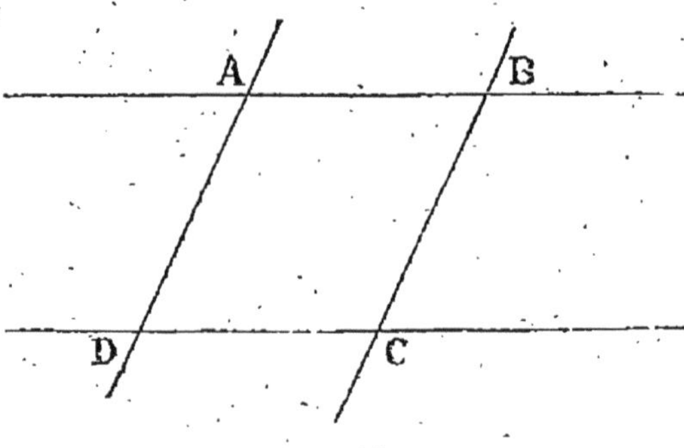

Fig. 59.

comprises entre deux parallèles AB, DC (fig. 59), sont égales.

Corollaire II. — *Deux parallèles sont partout également distantes.*

Car si on leur mène deux perpendiculaires communes AD, BC (fig. 60), celles-ci sont égales comme portions de parallèles comprises entre deux parallèles.

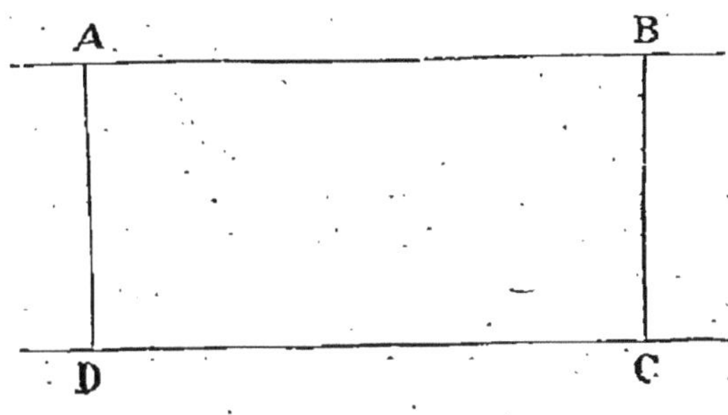

Fig. 60.

50. — **Théorème XIV.** — *Réciproquement, un quadrilatère est un parallélogramme s'il a ses côtés opposés égaux, ou ses angles opposés égaux.*

1° Soit le quadrilatère ABCD (fig. 61), dont les côtés opposés sont égaux, savoir : AB = DC, AD = BC. Menons la diagonale BD. Les triangles ABD, CDB sont égaux comme

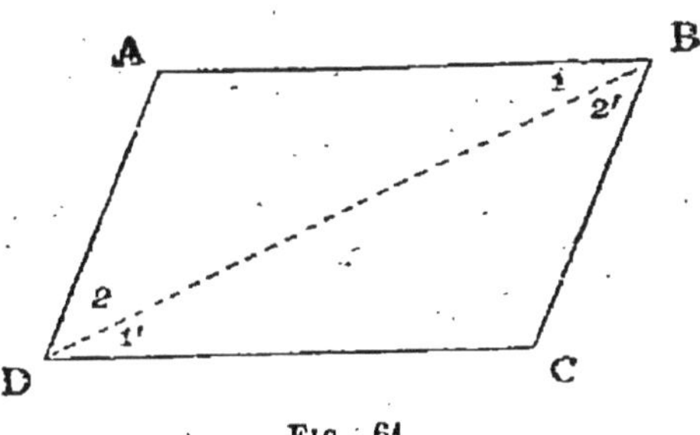

Fig. 61.

ayant leurs trois côtés égaux chacun à chacun. Donc, les angles 1 et 1′, opposés aux côtés égaux AD, BC, sont égaux, et comme ils sont alternes internes par rapport aux droites AB, DC coupées par la sécante BD, ces droites sont parallèles (théor. VII). Il en est de même, par une raison semblable, des droites AD, BC.

2° Soit le quadrilatère ABCD (fig. 62), dont les angles opposés sont égaux, savoir : A = C, B = D. La somme des angles du quadrilatère vaut autant de fois deux angles droits

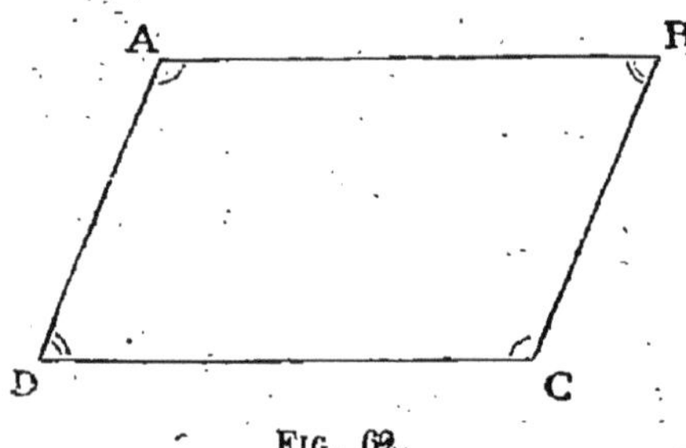

FIG. 62.

qu'il y a de côtés, moins deux (théor. XI), ce qui fait 4 angles droits. A cause de l'égalité des angles opposés, le double de l'angle A, plus le double de l'angle D, vaut donc 4 droits, et en prenant la moitié de cette somme, l'angle A, plus l'angle D, vaut 2 droits. Les droites AB, DC, formant avec la sécante AD deux angles, intérieurs d'un même côté de la sécante, supplémentaires, sont donc parallèles (théor. VII). On démontrerait de même que les droites AD, BC, sont parallèles.

CorollaiRE. — *Tout losange est un parallélogramme.*
Car ses côtés opposés sont égaux.

51. — **Théorème XV.** — *Un quadrilatère est un parallélogramme s'il a deux côtés égaux et parallèles.*
Soit le quadrilatère ABCD (fig. 63), dans lequel les côtés

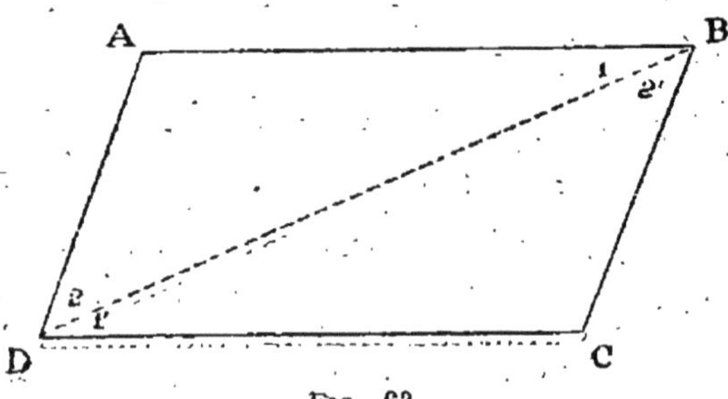

FIG. 63.

AB, DC, sont égaux et parallèles. Menons la diagonale BD : les triangles ABD, CDB sont égaux, puisqu'ils ont un angle égal compris entre côtés égaux chacun à chacun, savoir : les angles 1 et 1′ égaux comme alternes internes par rapport aux parallèles AB, DC, coupées par la sécante BD, le côté BD commun, et les côtés AB, DC, égaux par hypothèse. Donc les angles 2 et 2′, opposés aux côtés égaux AB, DC, sont égaux ; et comme ils sont alternes internes par rapport aux droites AD, BC, coupées par la sécante DB, ces droites sont parallèles (théor. VII), ce qu'il fallait démontrer.

52. — *__Théorème XVI.__ — *Les diagonales d'un parallélogramme se coupent en parties égales, et réciproquement tout quadrilatère dont les diagonales se coupent en parties égales est un parallélogramme.*

1° Soit le parallélogramme ABCD (fig. 64), O le point de rencontre de ses diagonales. Les triangles OAB, OCD sont égaux puisqu'ils ont un côté égal adjacent à deux angles

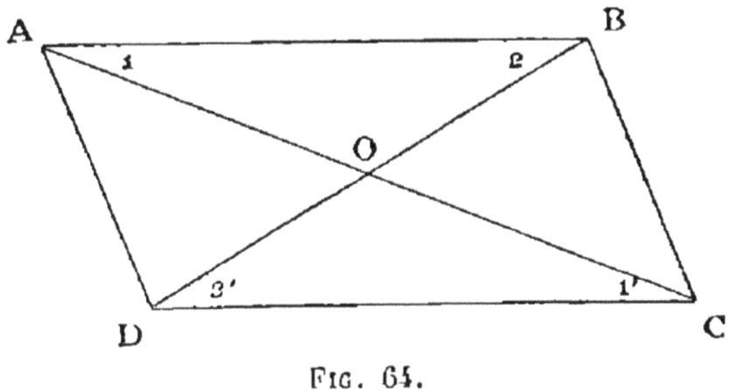

Fig. 64.

égaux chacun à chacun, savoir : les côtés AB, DC, égaux commme côtés opposés d'un parallélogramme ; les angles 1 et 1′ égaux comme alternes internes par rapport aux droites AB, DC, coupées par la sécante AC, les angles 2 et 2′ égaux par une raison semblable. Donc les côtés de ces triangles opposés aux angles égaux sont égaux, c'est-à-dire que OA = OC, OB = OD.

2° Soit le quadrilatère ABCD dont les diagonales se coupent en parties égales. Les triangles OAB, OCD sont égaux comme ayant un angle égal compris entre deux côtés égaux chacun à chacun, savoir : les angles AOB, COD égaux comme opposés par le sommet, les côtés OA et OC, OB et

OD égaux par hypothèse. Donc les angles opposés aux côtés égaux, 1 et 1′, sont égaux ; et comme ils sont alternes internes par rapport aux droites AB, DC, coupées par la sécante AC, ces droites sont parallèles. On démontre de même le parallélisme des droites AD, BC ; ainsi le quadrilatère est un parallélogramme.

53. — *__Théorème XVII__. — Les diagonales d'un rectangle sont égales, et réciproquement tout parallélogramme dont les diagonales sont égales est un rectangle.*

1° Soit le rectangle ABCD (fig. 65). Les triangles ADC, BCD

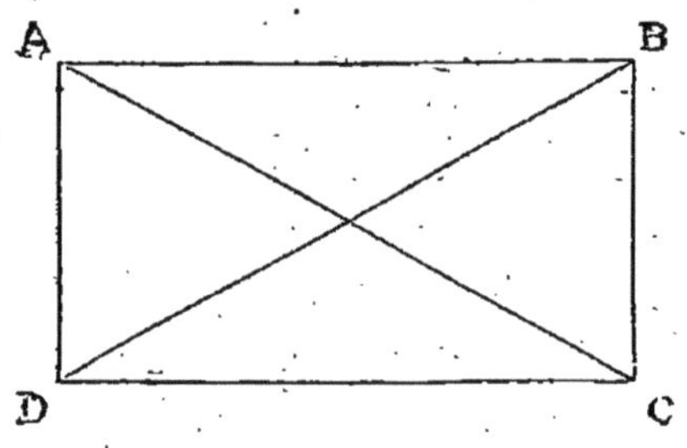

FIG. 65.

sont égaux comme ayant un angle égal, savoir : l'angle droit, compris entre côtés égaux chacun à chacun. Donc les troisièmes côtés AC, BD, sont égaux, ce qu'il fallait démontrer.

2° Soit le parallélogramme ABCD dont les diagonales sont égales. Les triangles ADC, BCD sont égaux comme ayant leurs trois côtés égaux chacun à chacun, savoir : DC commun, AC et BD égaux par hypothèse, AD et BC égaux comme côtés opposés d'un parallélogramme. Donc les angles ADC, BCD, opposés à des côtés égaux dans ces triangles égaux, sont égaux. Mais ils sont supplémentaires, comme intérieurs d'un même côté de la sécante par rapport aux parallèles AD, BC, coupées par la sécante DC, et il s'ensuit qu'ils sont droits. Le parallélogramme est donc un rectangle.

Corollaire. — *Dans tout triangle rectangle, le milieu de l'hypoténuse est à égale distance des trois sommets.*

Soit le triangle rectangle BAC (fig. 66). Formons le rectangle ABCD; le point O où se coupent ses diagonales est le milieu de chaque diagonale, et comme celles-ci sont

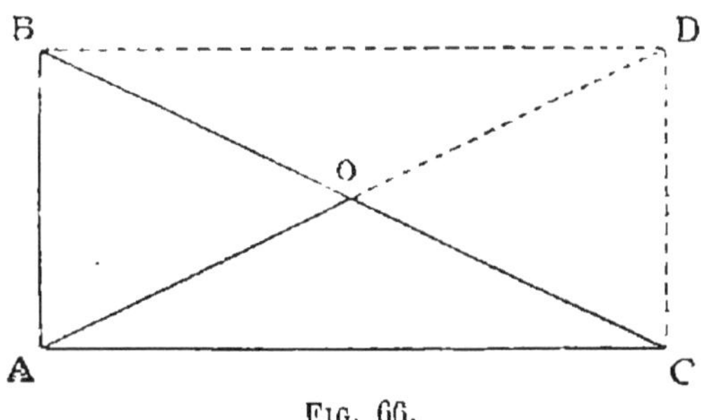

FIG. 66.

égales, il en résulte OB = OC = OA, ce qu'il fallait démontrer.

54. — *Théorème XVIII. — *Les diagonales d'un losange se coupent à angle droit, et réciproquement tout parallélogramme dont les diagonales sont rectangulaires est un losange.*

1° Soit le losange ABCD (fig. 67), O le point de rencontre des diagonales. Le triangle ABC étant isocèle, la droite BO, qui joint le sommet au milieu de la base, est perpendiculaire à la base (coroll. I, n° 24), ce qu'il fallait démontrer.

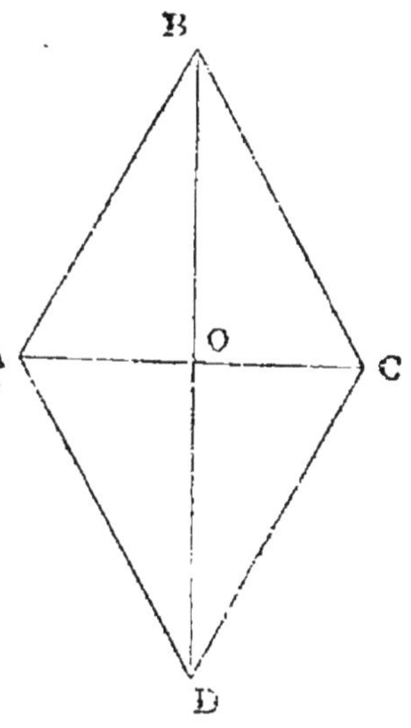

FIG. 67.

2° Soit le parallélogramme ABCD dont les diagonales se coupent en O à angle droit. Les triangles BOA, BOC ont un angle égal en O, compris entre côtés égaux chacun à chacun, savoir OB commun, et OA = OC (théor. XVI). Donc les troisièmes côtés BA ,BC sont égaux, et le parallélogramme est un losange, ce qu'il fallait démontrer.

COROLLAIRE. — *Les diagonales du carré sont égales, se coupent en parties égales et à angle droit.*

Cela résulte de ce que le carré est un rectangle, un parallélogramme et un losange.

Exercices sur le Livre I.

THÉORÈMES A DÉMONTRER.

1. Les bissectrices de deux angles adjacents formés par deux droites qui se coupent, sont perpendiculaires l'une sur l'autre. — Réciproquement, si les bissectrices de deux angles adjacents sont perpendiculaires l'une sur l'autre, les côtés non communs de ces angles sont en ligne droite.

2. Lorsque quatre droites issues d'un même point forment des angles opposés par le sommet, égaux, elles sont deux à deux dans le prolongement l'une de l'autre. (Réciproque du théorème n° 16.)

3. Lorsque deux droites se coupent, les bissectrices des angles opposés par le sommet sont dans le prolongement l'une de l'autre. — Réciproquement, si les bissectrices de quatre angles formés autour d'un point sont deux à deux dans le prolongement l'une de l'autre, les côtés de ces angles sont aussi deux à deux dans le prolongement l'un de l'autre.

4. C désignant le milieu d'une longueur AB portée sur une droite, et M un point de la droite, MC est la demi-somme ou la demi-différence des deux distances MA, MB, suivant que le point M est extérieur ou intérieur au segment de droite AB.

5. OC désignant la bissectrice d'un angle AOB, et OM une droite issue du sommet de cet angle, l'angle MOC est la demi-somme ou la demi-différence des deux angles MOA, MOB, suivant que la droite OM est extérieure ou intérieure à l'angle AOB.

6. Le périmètre d'un polygone convexe est plus petit que toute ligne brisée fermée qui l'enveloppe.

7. Si l'on porte sur un côté d'un angle, à partir du sommet O, deux longueurs quelconques OA, OB, sur l'autre côté deux longueurs OA', OB' égales aux premières, et qu'on mène les droites AB', BA', elles se coupent sur la bissectrice de l'angle.

8. Si l'on joint par des droites les trois sommets d'un triangle à un point intérieur, la somme de ces droites est plus petite que le périmètre du triangle, et plus grande que la moitié du périmètre.

9. La droite qui joint un sommet d'un triangle au milieu du côté opposé (cette droite s'appelle une *médiane*) est plus petite que la demi-somme des deux autres côtés et plus grande que leur demi-différence.

10. La droite joignant un sommet d'un triangle à un point quelconque pris sur le côté opposé, est plus grande que la moitié de l'excès de la somme des deux autres côtés sur le premier.

11. La somme des médianes d'un triangle est plus petite que le périmètre, et plus grande que la moitié du périmètre. (On s'appuiera sur les deux théorèmes précédents.)

12. La plus petite médiane d'un triangle est celle qui correspond au plus grand côté.

13. Un triangle est isocèle : 1° Si une médiane est perpendiculaire au côté qu'elle partage en deux parties égales;

2° Si la bissectrice d'un angle est perpendiculaire au côté opposé;

3° Si la bissectrice d'un angle passe par le milieu du côté opposé;

4° Si deux sommets sont à égale distance des côtés opposés.

14. Les bissectrices des angles égaux d'un triangle isocèle sont égales.

15. Étant donné un triangle, si l'on mène par chaque sommet une parallèle au côté opposé, le triangle formé par ces trois droites est quadruple du premier et les milieux de ses côtés sont les sommets du premier.

16. Les bissectrices des trois angles intérieurs d'un triangle passent par un même point.

17. Les bissectrices de deux angles extérieurs d'un triangle, et de l'angle intérieur non adjacent, passent par un même point.

18. La parallèle menée à un côté d'un triangle par le milieu d'un côté, passe par le milieu du troisième côté, et sa longueur est moitié du côté auquel elle est parallèle.

19. Les trois médianes d'un triangle passent par un même point, situé au tiers de chacune d'elles à partir du côté opposé.

20. Les milieux des côtés d'un quadrilatère quelconque sont les sommets d'un parallélogramme. Dans quel cas ce parallélogramme est-il un losange, un rectangle, un carré?

21. Si l'on prend un point O dans l'intérieur d'un triangle ABC, l'angle AOC est plus grand que l'angle ABC.

22. Si par le point de rencontre des bissectrices des angles d'un triangle on mène une parallèle à un des côtés, cette droite est égale à la somme des segments interceptés sur les deux autres côtés entre les deux parallèles.

23. Lorsque deux angles ont leurs côtés parallèles, leurs bissectrices sont parallèles ou rectangulaires entre elles suivant que ces angles sont égaux ou supplémentaires.

24. Lorsque deux angles ont leurs côtés respectivement rectangulaires, leurs bissectrices sont parallèles ou rectangulaires entre elles, suivant que ces angles sont supplémentaires ou égaux.

25. Étant donné un quadrilatère, si l'on mène par chaque sommet une parallèle à la diagonale qui ne passe pas par ce sommet, on forme un quadrilatère dont la surface est double de celle du premier. — En déduire que deux quadrilatères dont les diagonales sont égales chacune à chacune et se coupent sous le même angle, ont des surfaces équivalentes.

26. Si l'on prend un point quelconque sur la base d'un triangle iso-cèle, la somme de ses distances aux deux autres côtés est constante. — Comment l'énoncé doit-il être modifié lorsque le point est pris sur le prolongement de la base?

27. Si l'on prend un point quelconque à l'intérieur d'un triangle équi-latéral, la somme de ses distances aux trois côtés est constante.

28. Les bissectrices des angles d'un quadrilatère quelconque forment un quadrilatère dont les angles opposés sont supplémentaires.

29. Les bissectrices des angles intérieurs d'un parallélogramme forment un rectangle dont les diagonales sont parallèles aux côtés du parallélo-gramme, et égales à la différence entre ces côtés. — Les bissectrices des angles extérieurs jouissent-elles d'une propriété analogue?

30. Si par le point de rencontre des diagonales d'un parallélogramme (point appelé *centre* du parallélogramme) on mène une droite quelconque, elle partage le parallélogramme en deux portions égales. La portion de cette droite comprise entre deux côtés opposés du parallélogramme a pour milieu le centre du parallélogramme.

31. Si l'on porte sur les côtés d'un carré ABCD, dans le même sens, quatre longueurs égales AA', BB', CC', DD', les points A', B', C', D', sont les sommets d'un carré. Les deux carrés ont le même centre.

32. Si l'hypoténuse d'un triangle rectangle est double d'un des côtés de l'angle droit, l'un des angles aigus est double de l'autre et récipro-quement.

PROBLÈMES ET LIEUX GÉOMÉTRIQUES.

33. Par les extrémités d'une droite AB, on mène deux droites AM, BM, coupant la droite AB sous un même angle quelconque : trouver le lieu géométrique du point de rencontre M de ces droites.

34. Dans un triangle isocèle ABC, on mène une parallèle quelconque DE à BC, et l'on trace les droites DC, BE : quel est le lieu géométrique de leur point de rencontre?

35. Lieu géométrique des milieux des droites menées d'un point fixe à une droite fixe.

36. Lieu géométrique des points équidistants de deux parallèles données.

37. On coupe deux parallèles par une sécante quelconque, et l'on mène les bissectrices de deux angles intérieurs d'un même côté de la sécante : lieu du point d'intersection de ces bissectrices.

38. Étant donnés deux points A et B d'un même côté d'une droite XY, trouver sur cette droite un point M tel que les droites MA, MB, fassent des angles égaux avec XY. Prouver que le point ainsi déterminé est celui de la droite XY pour lequel la somme des deux longueurs MA, MB, est la plus petite.

39. Étant donnés deux points A et B de part et d'autre d'une droite XY, trouver sur cette droite le point M tel que la différence des deux distances MA, MB, est aussi grande que possible.

40. Dans un triangle isocèle, l'angle du sommet vaut 78°; calculer l'un des autres angles.

41. Dans un triangle isocèle, chacun des angles égaux vaut 18°; calculer le troisième angle.

42. Dans un triangle ABC dont l'angle A vaut 92°, calculer l'angle que forment les bissectrices des angles intérieurs B et C; puis celui que forment les bissectrices des angles extérieurs en B et C. — Donner une formule pour résoudre cette question en général, quelle que soit la valeur de l'angle A.

43. Dans un triangle ABC dans lequel l'angle B vaut 54° et l'angle C 25°, on mène la bissectrice BD de l'angle B : calculer chacun des angles BDC, BDA. — Donner une formule pour résoudre cette question en général, quels que soient les angles donnés B et C.

44. Dans un triangle rectangle, l'un des angles aigus vaut les $\frac{4}{7}$ de l'autre : trouver les deux angles aigus.

45. Dans un triangle rectangle, l'un des angles aigus surpasse l'autre de $\frac{1}{8}$ d'angle droit : trouver l'autre.

46. Dans un triangle ABC dont l'angle B vaut 38° et l'angle C 30°, calculer l'angle formé par la bissectrice de l'angle A et la perpendiculaire abaissée du point A sur le côté opposé. — Généraliser la question.

47. Un polygone convexe de 15 côtés a tous ses angles égaux : calculer l'un des angles intérieurs.

48. La somme des angles intérieurs d'un polygone convexe vaut 10 angles droits : combien a-t-il de côtés?

49. Trouver le nombre des diagonales d'un polygone de n côtés.

50. Un polygone a 170 diagonales : Combien a-t-il de côtés?

51. Quel doit être l'angle A d'un triangle ABC pour que la médiane issue du point A soit égale, supérieure ou inférieure à la moitié du côté opposé?

52. Étant donné un point D sur le côté BC d'un triangle ABC, trouver un point E sur AB et un point F sur AC tel que le périmètre du triangle DEF soit minimum.

LIVRE II

LE CERCLE

CHAPITRE PREMIER

NOTIONS PRÉLIMINAIRES

Notions préliminaires.

55. — *La* CIRCONFÉRENCE *est une ligne fermée, tracée sur un plan, et dont tous les points sont à la même distance d'un point du plan appelé* CENTRE.

Le CERCLE *est la portion du plan terminée par la circonférence.*

Un RAYON *est une droite qui joint le centre à un point de la circonférence.*

Tous les rayons sont égaux, par définition.

Un DIAMÈTRE *est une droite qui joint deux points de la circonférence en passant par le centre.*

Un diamètre est donc double d'un rayon.

Un ARC *est une portion de la circonférence.*

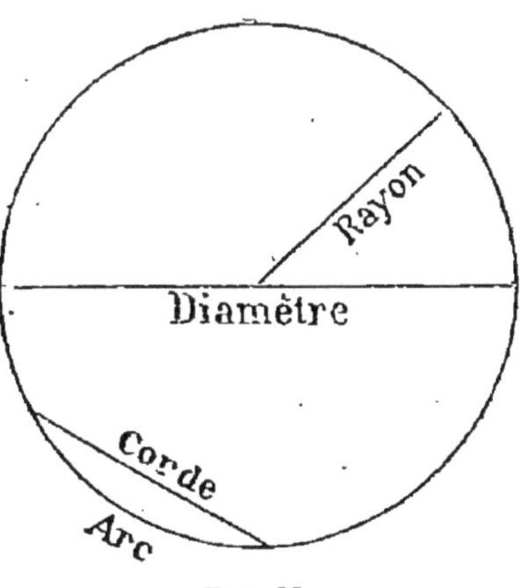

Fig. 68.

La droite qui joint les deux extrémités d'un arc s'appelle la CORDE *de l'arc.*

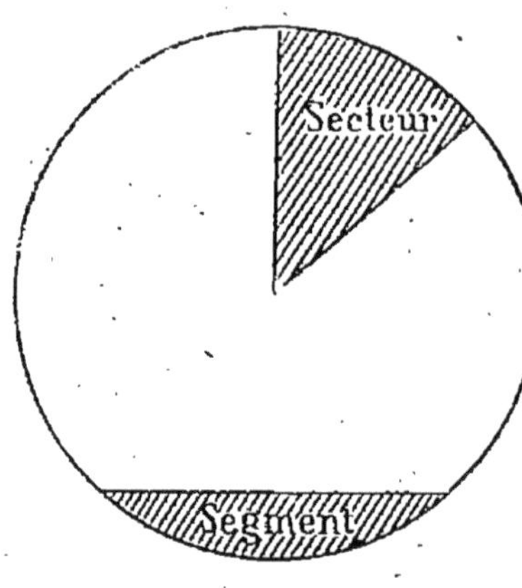

FIG. 69.

Un SECTEUR *circulaire est la portion de plan terminée par un arc et deux rayons* (fig. 69).

Un SEGMENT *circulaire est la portion de cercle comprise entre un arc et sa corde.*

Une circonférence ne peut être rencontrée par une droite en plus de deux points. Car les droites menées du centre aux points d'intersection du cercle et de la droite sont égales comme rayons, et d'un point à une droite on ne peut mener que deux obliques égales.

56. — **Théorème I.** — *Tout diamètre partage la circonférence et le cercle en deux parties égales.*

Plions, en effet, le cercle ABCD autour du diamètre AB (fig. 70), et rabattons la portion ACB sur la portion ADB :

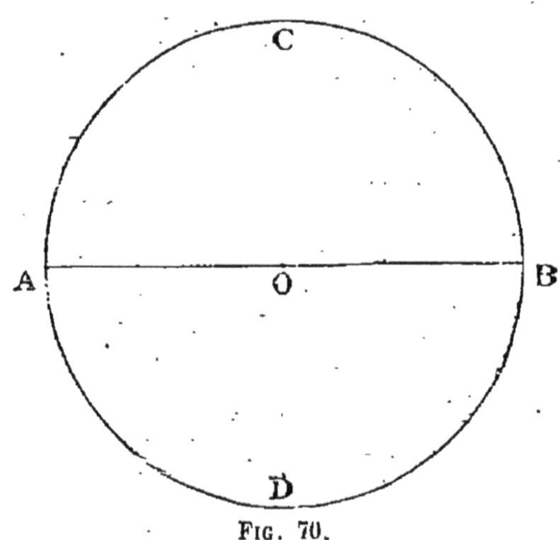

FIG. 70.

elles coïncideront entièrement, sans quoi ii y aurait des points de la circonférence inégalement distants du centre O.

57. — **Théorème II.** — *Le diamètre est la plus grande corde du cercle.*

Soit une corde AB qui ne passe pas par le centre (fig. 71). La droite AB est plus petite que la somme des deux rayons AO, OB, ou, ce qui revient au même, que le diamètre AC.

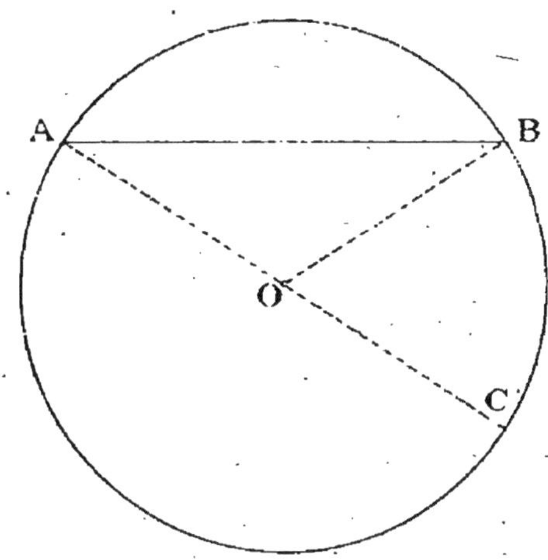

FIG. 71.

58. — **Théorème III.** — *Par trois points non en ligne droite on peut toujours faire passer une circonférence, et on n'en peut faire passer qu'une.*

Soient A, B, C, trois points non en ligne droite (fig. 72). Menons les droites BA, BC, et, par le milieu de chacune d'elles, menons-leur les perpendiculaires DO et EO. Ces perpendiculaires se coupent en un point O (théor. IV, n° 39), et ce point est à égale distance d'abord des points A et B, et ensuite des points B et C (théor. III, n° 29). Il est donc à égale distance des trois points A, B, C, et si, du point O comme centre, avec OA comme rayon, on décrit une circonférence, elle passe par ces trois points.

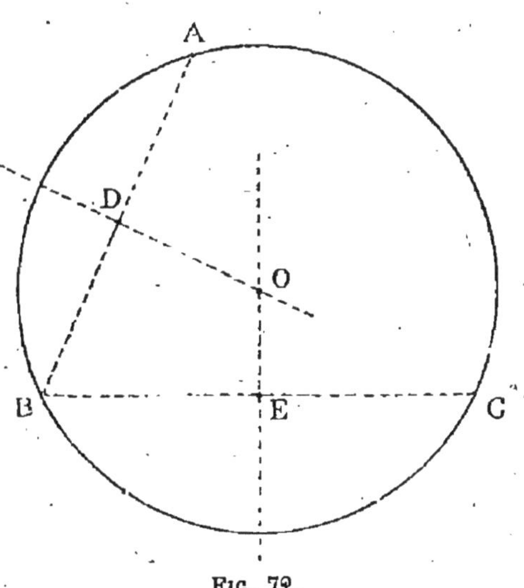

FIG. 72.

D'ailleurs tout autre point que le point O sera en dehors de l'une des perpendiculaires DO, EO, et, par conséquent, ne sera pas à égale distance des trois points donnés. Il n'y a donc qu'une circonférence satisfaisant à la question.

CoROLLAIRE I. — Le point O, étant à égale distance des deux points A et C, appartient à la perpendiculaire élevée à la droite AC par son milieu F (fig. 73). D'où ce principe :

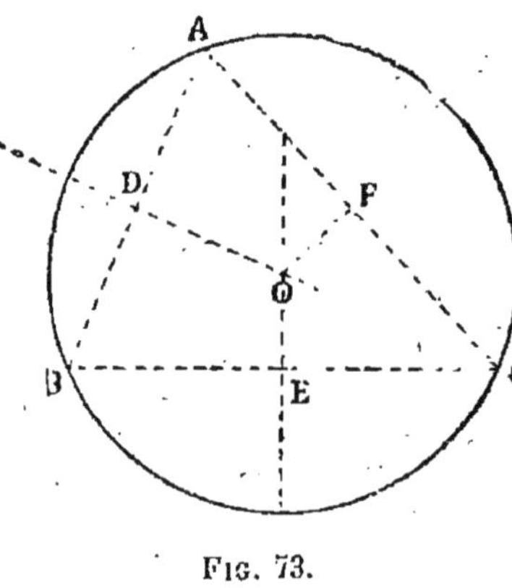

Fig. 73.

Les perpendiculaires élevées aux trois côtés d'un triangle par leurs milieux passent par un même point, qui est le centre du cercle circonscrit. (Un cercle est dit circonscrit à un polygone lorsqu'il passe par tous les sommets de celui-ci.)

CoROLLAIRE II. — *Deux circonférences ne peuvent avoir plus de deux points communs.*

Définitions. — *Deux circonférences qui ont deux points communs sont dites* SÉCANTES (fig. 74).

Deux circonférences qui n'ont qu'un point commun sont dites TANGENTES. Le point commun s'appelle point de CONTACT.

Elles peuvent être tangentes intérieurement (fig. 75) ou extérieurement (fig. 76).

CHAPITRE II

POSITIONS RELATIVES DE DEUX CIRCONFÉRENCES

---

59. — Théorème I. — *Lorsque deux circonférences se coupent, la ligne des centres est perpendiculaire à la corde commune et la partage en deux parties égales.*

Soient deux circonférences qui se coupent, AB la corde commune, c'est-à-dire la droite qui joint les deux points d'intersection, O et O' les centres (fig. 74). Le centre O, étant à égale distance des points A et B, appartient à la perpendiculaire élevée à la droite AB par son milieu (théorème III, n° 29); le centre O' appartient à la même perpendiculaire, par la même raison. Comme deux points déterminent une droite, la perpendiculaire élevée à la droite AB

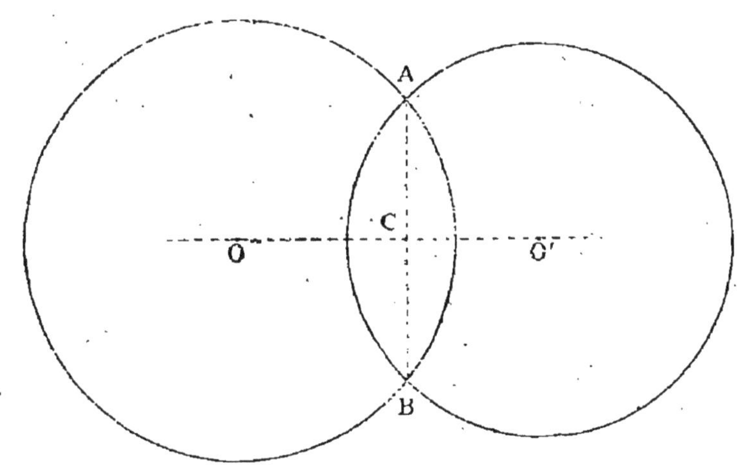

Fig. 74.

par son milieu n'est autre que la droite OO', ce qu'il fallait démontrer.

Corollaire. — Supposons que l'une des circonférences restant fixe, l'autre se déplace progressivement de telle sorte que les points d'intersection A et B se rapprochent l'un de l'autre, et finissent par se confondre en un seul T : les

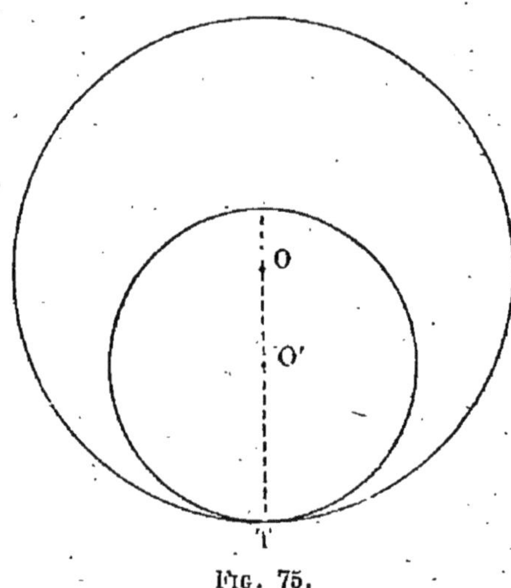

Fig. 75.

deux circonférences deviendront alors tangentes, soit intérieurement (fig. 75), soit extérieurement (fig. 76). La corde

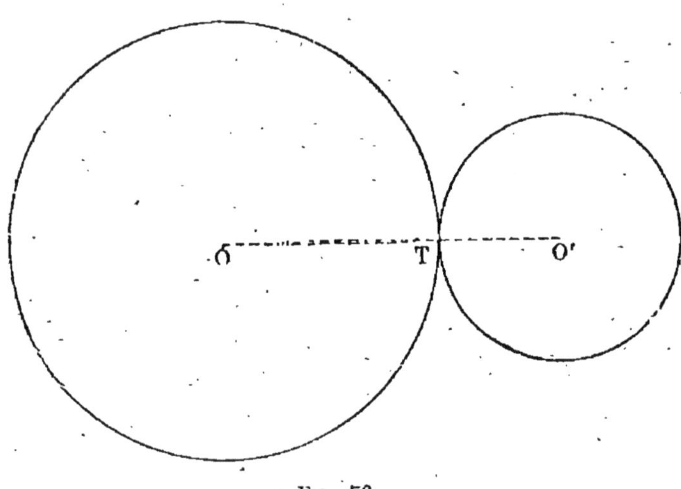

Fig. 76.

commune se réduit alors à un point T ; et comme la ligne

des centres passe constamment par le milieu de cette corde, elle passe, dans le cas limite, par ce point T.

Donc, *lorsque deux circonférences sont tangentes, la ligne des centres passe par le point de contact.*

REMARQUE. — Deux circonférences peuvent occuper l'une par rapport à l'autre cinq positions. Elles peuvent être *extérieures l'une à l'autre, tangentes extérieurement, sécantes, tangentes intérieurement, intérieures l'une à l'autre.*

Chacune de ces positions est caractérisée par une relation distincte entre la ligne des centres et les rayons, ainsi que le montrent les cinq théorèmes suivants.

60. — **Théorème II**. — *Lorsque deux circonférences sont extérieures l'une à l'autre, la ligne des centres est plus grande que la somme des rayons.*

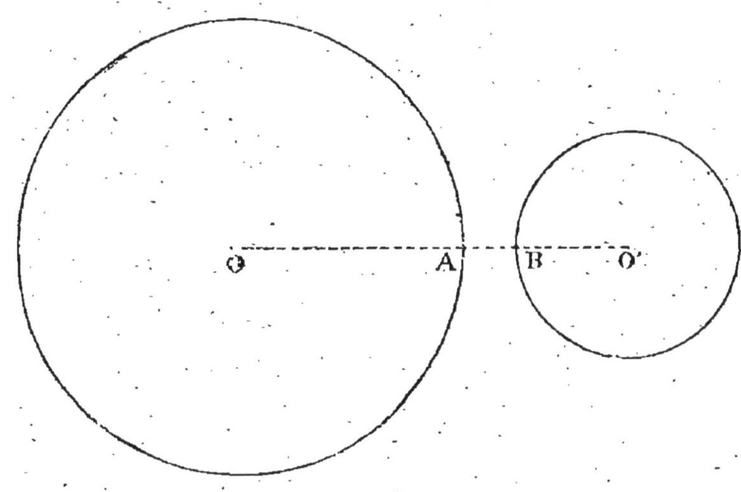

FIG. 77.

En effet, la ligne des centres OO' (fig. 77) surpasse la somme des rayons OA, O'B, de la longueur AB.

61. — **Théorème III**. — *Lorsque deux circonférences sont tangentes extérieurement, la ligne des centres est égale à la somme des rayons.*

En effet, la ligne des centres OO′ passant par le point de contact T, est égale à la somme des rayons OT, O′T (fig. 76).

62. — Théorème IV. — *Lorsque deux circonférences sont sécantes, la ligne des centres est plus petite que la somme des rayons et plus grande que leur différence.*

En effet, O et O′ étant les centres (fig. 78), A l'un des

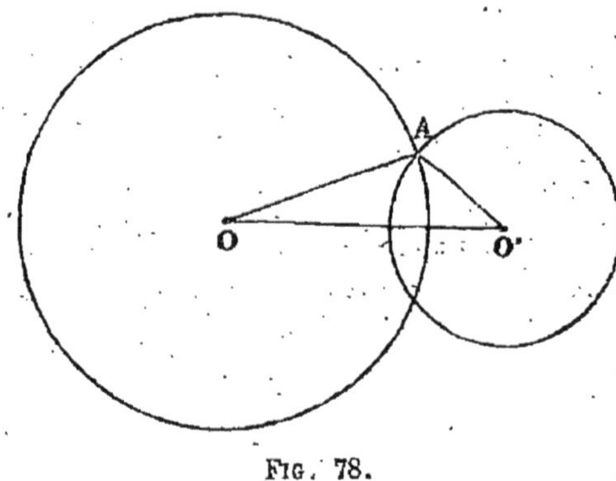

Fig. 78.

points d'intersection, dans le triangle AOO′, le côté OO′ est plus petit que la somme des deux autres et plus grand que leur différence.

63. — Théorème V. — *Lorsque deux circonférences sont tangentes intérieurement, la ligne des centres est égale à la différence des rayons.*

Car la ligne des centres passant par le point de contact T (fig. 75) est évidemment égale à la différence des rayons.

64. — Théorème VI. — *Lorsque deux circonférences sont intérieures l'une à l'autre, la ligne des centres est plus petite que la différence des rayons.*

Menons la ligne des centres OO′ (fig. 79), et prolongeons-la jusqu'à ce qu'elle coupe les circonférences en B et en A. La ligne des centres OO′ est évidemment plus petite que la différence des rayons, qui se compose des deux longueurs OO′ et BA.

Corollaire. — Réciproquement : 1° *Si la ligne des*

centres de deux circonférences est plus grande que la somme des rayons, ces circonférences sont extérieures l'une à l'autre;

2° Si la ligne des centres est égale à la somme des rayons, les circonférences sont tangentes extérieurement;

3° Si la ligne des centres est plus petite que la somme des rayons et plus grande que leur différence, les circonférences sont sécantes;

4° Si la ligne des centres est égale à la différence des rayons, les circonférences sont tangentes intérieurement;

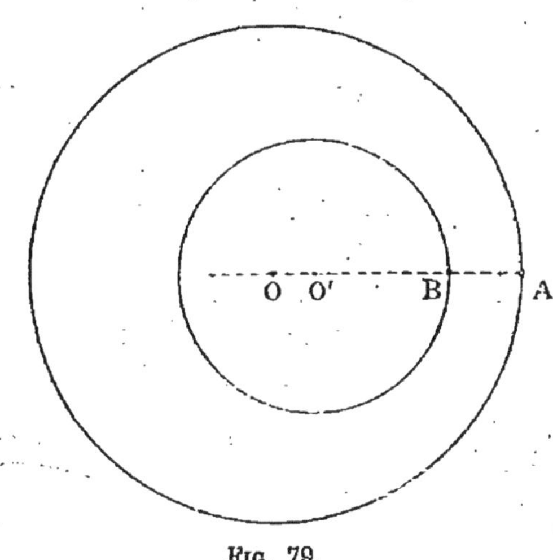

Fig. 79.

5° Si la ligne des centres est plus petite que la différence des rayons, les circonférences sont intérieures l'une à l'autre.

Démontrons, par exemple, la première de ces réciproques.

Si les circonférences étaient tangentes extérieurement, la distance des centres serait égale à la somme des rayons, ce qui est contre l'hypothèse. Si elles étaient dans l'une des trois positions suivantes, il s'ensuivrait de même une conséquence contraire à l'hypothèse. Elles ne peuvent donc être qu'extérieures.

On démontre de même 2°, 3°, 4° et 5°.

CHAPITRE III

DES CORDES, DES ARCS ET DES TANGENTES

Cordes et arcs.

65. — Théorème I. — *Dans un même cercle ou dans des cercles égaux, deux arcs égaux sont sous-tendus par des cordes égales, et si deux arcs plus petits qu'une demi-circonférence sont inégaux, le plus grand est sous-tendu par la plus grande corde.*

1° Soient deux arcs égaux ACB, A'C'B' (fig. 80). Faisons coïncider le second avec le premier : les cordes, ayant mêmes extrémités, coïncident et sont égales.

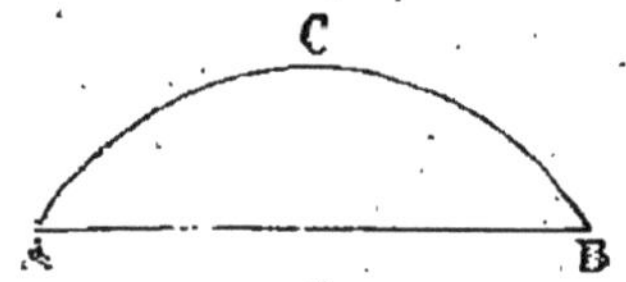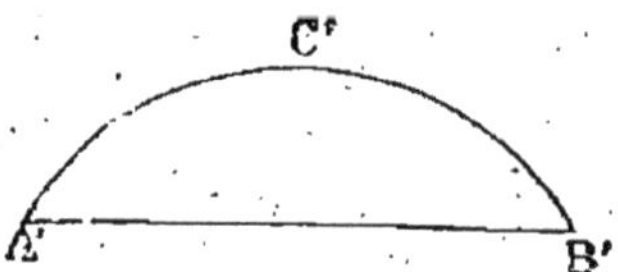

FIG. 80.

2° Soit dans un même cercle l'arc ACB (fig. 81) plus grand que l'arc A'C'B', tous deux étant plus petits qu'une demi-circonférence. Prenons sur l'arc ACB une portion AC égale à l'arc A'B', et menons la corde AC : elle est égale à la corde A'B', d'après 1° Formons les triangles OAB, OAC; ils ont l'angle AOB plus grand que l'angle AOC, et ces angles sont compris entre côtés égaux chacun à chacun, comme rayons d'un même cercle. Donc le côté AB est plus grand que le côté AC (théor. V, n° 22), ou, en d'autres termes, la corde AB est plus grande que la corde A'B'.

Corollaire. — Réciproquement : *dans un même cercle ou dans des cercles égaux, deux cordes égales sous-tendent des arcs égaux, et de deux cordes inégales la plus grande*

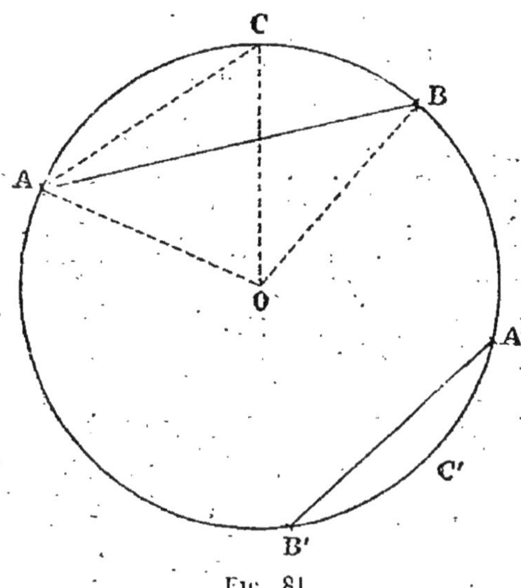

Fig. 81.

sous-tend le plus grand arc, pourvu que l'on considère des arcs plus petits qu'une demi-circonférence.

Car des deux propositions qui forment le théorème précédent, et qui sont contraires l'une de l'autre, les propositions réciproques se déduisent immédiatement.

66.—Théorème II. *— La perpendiculaire abaissée du centre sur une corde partage cette corde, ainsi que l'arc sous-tendu, en deux parties égales.*

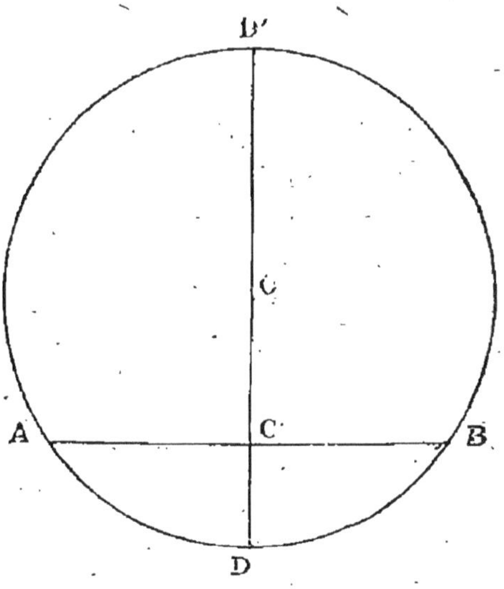

Soit AB une corde, O le centre du cercle. Menons le diamètre DD′ perpendiculaire à cette corde, qu'il coupe en C (fig. 82). Plions la figure autour de ce diamètre,

Fig. 82.

et rabattons le demi-cercle D'BD sur le demi-cercle D'AD : nous savons qu'ils coïncident. Mais CB prend la direction CA, puisque ces deux droites sont perpendiculaires au diamètre ; donc le point B tombe en A. Il en résulte l'égalité des droites CA, CB, celle des arcs DA, DB, et enfin celle des arcs D'A, D'B.

Corollaire. — Ce théorème peut encore s'énoncer de la manière suivante :

Le centre d'un cercle, le milieu d'une corde, et les milieux des deux arcs qu'elle sous-tend, sont sur une même ligne droite, perpendiculaire à cette corde.

67. — **Théorème III**. — *Dans un même cercle ou dans des cercles égaux, deux cordes égales sont à la même distance du centre, et, de deux cordes inégales, la plus grande est la plus rapprochée du centre.*

1° Soient les cordes égales AB, A'B' (fig. 83), OC, OC' les

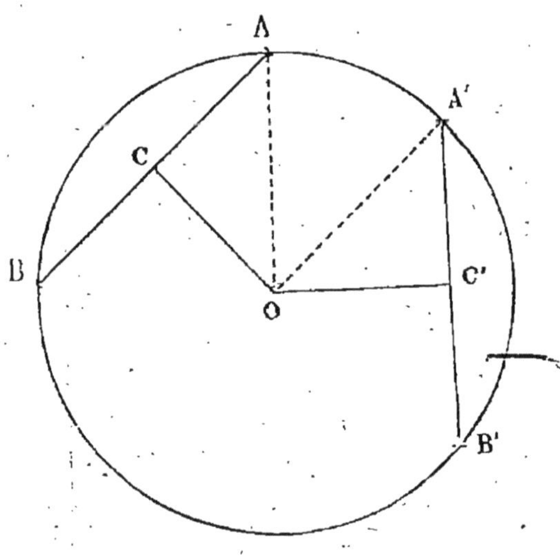

FIG. 83.

perpendiculaires abaissées du centre sur ces cordes. Menons les rayons OA, OA'. Les triangles rectangles OCA, OC'A' sont égaux puisqu'ils ont l'hypoténuse égale, comme rayon d'un même cercle, et un côté de l'angle droit égal, savoir :

AC=A'C' comme moitiés de cordes égales (théorème précédent). Donc OC = O'C'.

2° Soit la corde AB plus grande que la corde A'B', OC et OC' les perpendiculaires abaissées du centre sur ces cordes (fig. 84).

Sur l'arc AB, qui est plus grand que l'arc A'B' (théor. I,

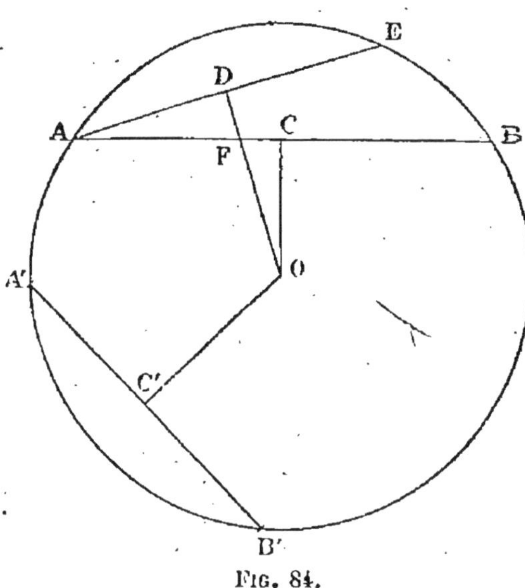

FIG. 84.

n° 65), prenons l'arc AE égal à l'arc A'B'. Sa corde AE est égale à la corde A'B' (n° 65), et par conséquent l'une et l'autre sont à la même distance du centre, d'après 1°. Il suffit donc de prouver que AB est plus rapprochée du centre que AE. Abaissons la perpendiculaire OD sur AE; cette perpendiculaire rencontre la droite AB en un point F. La perpendiculaire OC à AB est plus courte que l'oblique OF, et, par suite, que OF + FD, ou que OD, ce qu'il fallait démontrer.

COROLLAIRE. — Ces deux propositions étant contraires, les réciproques s'ensuivent, savoir :

Dans un même cercle ou dans des cercles égaux, deux cordes également distantes du centre sont égales, et de deux cordes inégalement distantes du centre, celle qui en est la plus rapprochée est la plus grande.

Tangente.

68. — Définitions. — Une droite est TANGENTE au cercle quand elle n'a qu'un point de commun avec le cercle. Ce point s'appelle point de CONTACT. Ainsi XY (fig. 85) est tangente au cercle en A.

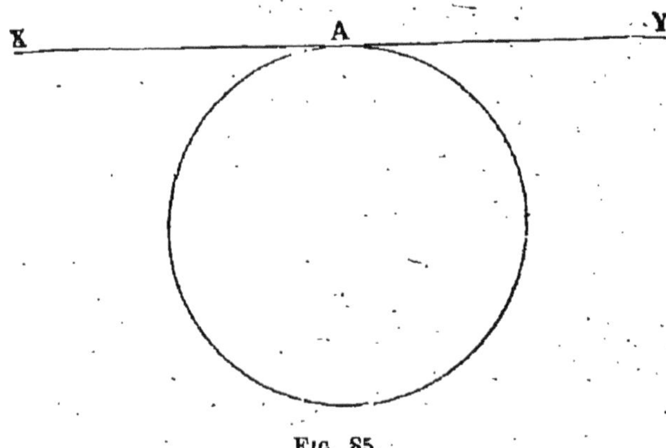

FIG. 85.

Un polygone est CIRCONSCRIT au cercle lorsque tous ses côtés sont tangents au cercle. Le cercle est dit INSCRIT au polygone (fig. 86).

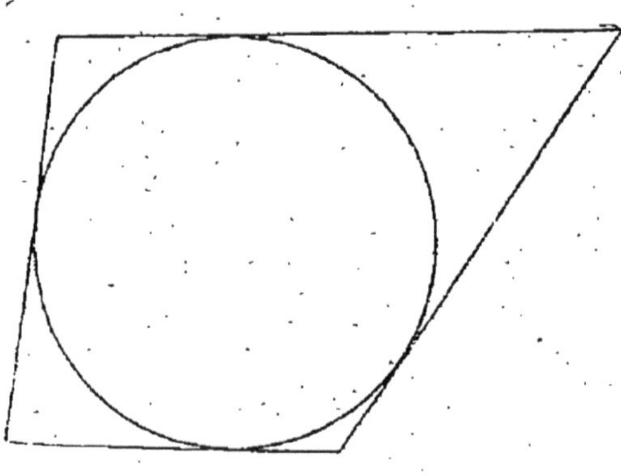

FIG. 86.

Pour concevoir en général ce que c'est qu'une tangente à une courbe quelconque, menons à une courbe, par un de ses points A, une sécante BAC (fig. 87), puis faisons-la tourner autour du point A, en lui faisant prendre la suite des positions B'AC', B"AC", etc., jusqu'à ce qu'un des points d'intersection mobiles C se confonde avec le point A : alors la droite est dite tangente à la courbe.

Dans notre figure, la sécante a un troisième point d'intersection B, qui ne se confond pas avec le point A en même temps que le point C, et devient B_1 sur la tangente.

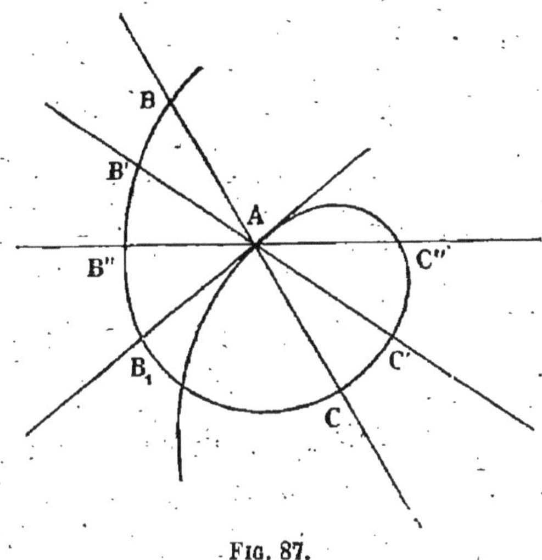

Fig. 87.

Ainsi une tangente à une courbe peut avoir, outre le point de contact, un ou plusieurs autres points communs avec la courbe.

Mais une sécante à la circonférence ne coupant cette courbe qu'en deux points, si ces deux points viennent à se confondre en un seul, la droite n'a plus qu'un point commun avec la courbe. Nous retrouvons ainsi la définition donnée plus haut de la tangente au cercle. Mais nous pouvons formuler cette définition plus générale :

Une tangente à une courbe quelconque est la limite des positions que prend une sécante lorsqu'elle tourne autour d'un de ses points d'intersection jusqu'à ce qu'un autre point d'intersection se confonde avec le premier.

69. — Théorème IV. — *Toute perpendiculaire à l'extrémité d'un rayon est tangente au cercle, et réciproquement
toute tangente est perpendiculaire à l'extrémité d'un rayon.*

1° Soit XY perpendiculaire à l'extrémité du rayon OA
(fig. 88). Joignons le centre à un point quelconque M de XY.
La droite OM, oblique à XY, est plus grande que la perpen-

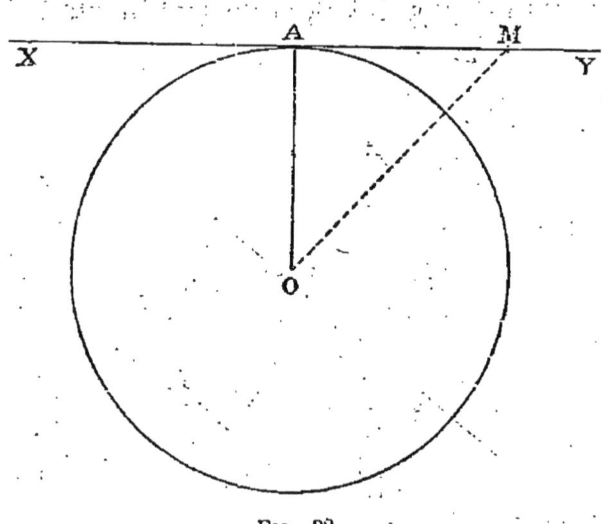

Fig. 88.

diculaire OA. Tout point de XY, étant à une distance du
centre plus grande qu'un rayon, est hors du cercle, et la
droite XY n'a qu'un point de commun avec le cercle.

2° Soit XY une tangente au cercle. Menons le rayon OA
au point de contact, et joignons le centre à un point quelconque M de XY. Le point M étant, par hypothèse, hors du
cercle, la droite OM est plus grande que le rayon OA. La
droite OA étant la plus courte distance du point O à XY, est
perpendiculaire à cette droite, ce qu'il fallait démontrer.

Corollaire I. — *En un point d'une circonférence, on
peut toujours mener une tangente à cette circonférence, et
on n'en peut mener qu'une.*

COROLLAIRE II. — *Deux circonférences tangentes ont même tangente en leur point de contact, savoir la perpendiculaire menée par ce point à la ligne des centres (fig. 89).*

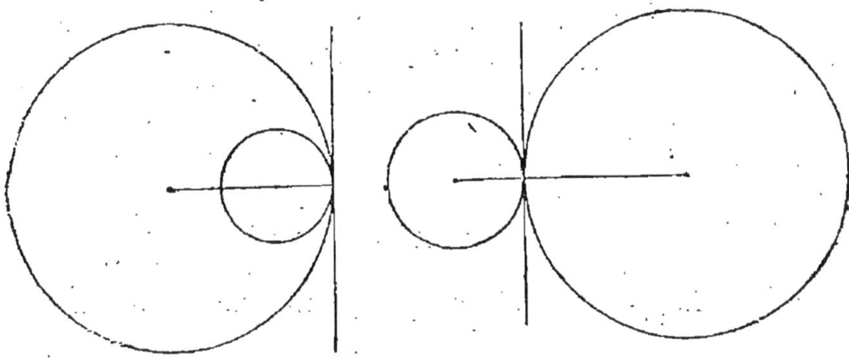

FIG. 89.

COROLLAIRE III. — *Lorsque deux tangentes à un cercle sont parallèles, leurs points de contact sont situés aux extrémités d'un même diamètre.*

Car si l'on mène par le centre la perpendiculaire commune AA' (fig. 90) à ces deux tangentes parallèles XY, X'Y', les pieds A, A', de cette perpendiculaire sont les points de contact, et dès lors sont les extrémités d'un diamètre.

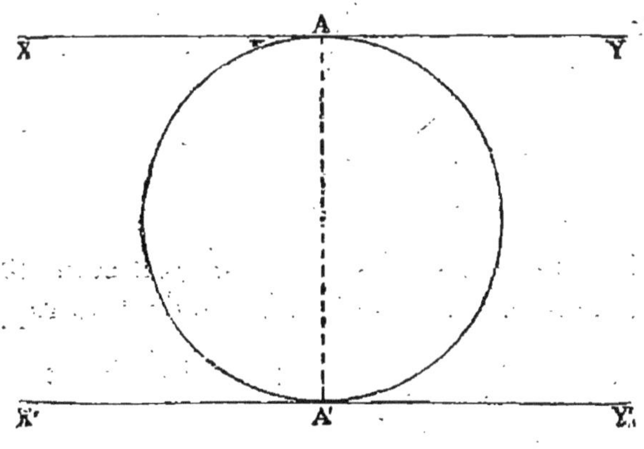

FIG. 90.

CHAPITRE IV

MESURE DES ANGLES

Mesure d'une grandeur.

70. — Rappelons d'abord quelques notions d'arithmétique.

Le RAPPORT de deux nombres n'est autre chose que le
quotient de l'un par l'autre.

Pour obtenir le rapport de deux quantités concrètes de
même espèce, on leur cherche une COMMUNE MESURE, c'est-
à-dire qu'on cherche une quantité de même espèce qui soit
contenue un certain nombre de fois sans reste dans l'une et
dans l'autre, et on fait le rapport de ces deux nombres de
fois.

Par exemple, soit à trouver le rapport des deux longueurs AB, CD (fig. 91). Supposons qu'une même longueur,

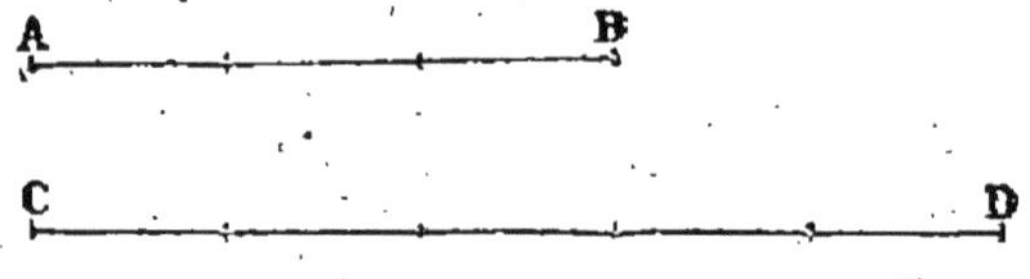

FIG. 91.

qui sera alors une commune mesure, soit contenue 3 fois
dans la première et 5 fois dans la seconde : le rapport des
deux longueurs est $\frac{3}{5}$, ce qui peut s'écrire ainsi :

$$\frac{AB}{CD} = \frac{3}{5}.$$

De même, si les deux angles AOB, COD (fig. 92) ont une

commune mesure contenue 3 fois dans l'un et 5 fois dans l'autre, leur rapport est encore $\frac{3}{5}$.

Lorsque deux quantités n'ont pas de commune mesure, on ne peut trouver leur rapport qu'approximativement. A cet effet, on partage l'une en un certain nombre de parties égales, et l'on compte combien l'autre contient de ces

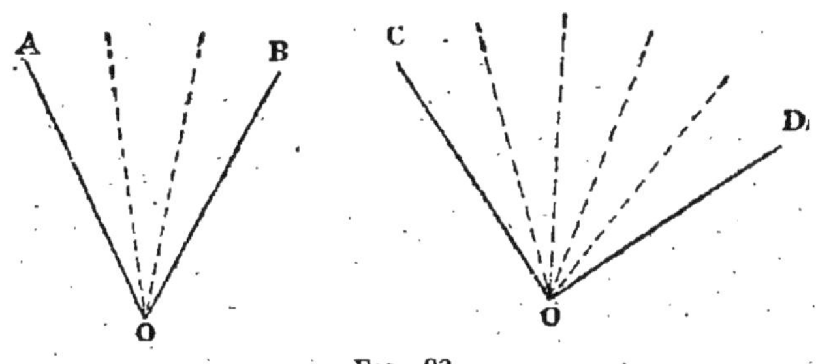

FIG. 92.

parties, en négligeant le reste. On fait le rapport des deux nombres ainsi trouvés : c'est une valeur approchée du rapport demandé. On conçoit qu'il est possible de trouver une valeur aussi approchée qu'on veut, en partageant l'une en un nombre de parties égales suffisamment grand : car le reste dont nous venons de parler, et qu'on néglige, devient ainsi aussi petit que l'on veut.

La MESURE d'une quantité est le rapport de cette quantité à son unité.

Angle au centre.

71. — Définition. — *Un* ANGLE AU CENTRE *est un angle dont le sommet est au centre du cercle.*

Théorème I. — *Dans un même cercle ou dans des cercles égaux, deux angles au centre égaux interceptent des arcs égaux, et réciproquement.*

1° Soient, dans un même cercle (fig. 93), deux angles au centre égaux AOB, A'OB'. Portons la portion A'OB' sur la portion AOB, en plaçant le rayon OA' sur son égal OA ; par suite de l'égalité des angles au centre, le rayon OB' prend la direction OB, et, comme ils sont égaux, le point B' tombe en B. Comme le centre est commun, les arcs, ayant les mêmes extrémités, coïncident, puisque tous leurs points sont à la même distance du centre.

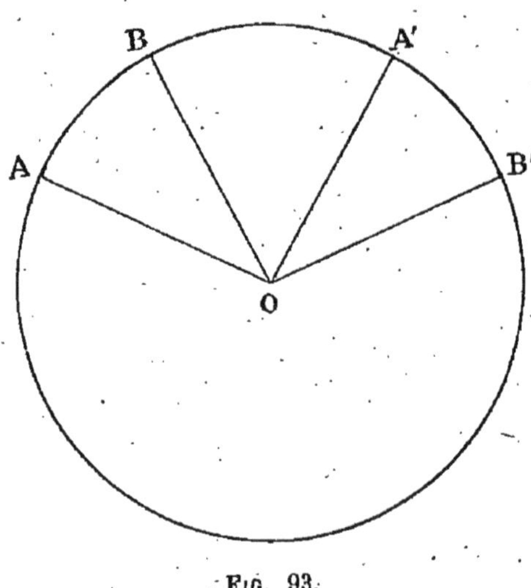

Fig. 93.

2° Supposons maintenant l'arc AB égal à l'arc A'B'. Portons encore la partie A'OB' sur la partie AOB, en plaçant le rayon OA' sur son égal OA. L'arc A'B' se place suivant l'arc AB, puisque leurs points sont à la même distance du centre. Mais ils sont égaux : donc, le point B' tombe précisément en B. Dès lors, les angles au centre AOB, A'OB' coïncident.

72. — Théorème II. — *Dans un même cercle ou dans des cercles égaux le rapport de deux angles au centre est égal à celui des arcs qu'ils interceptent.*

Soient les angles au centre AOB, A'O'B' (fig. 94). Suppo-

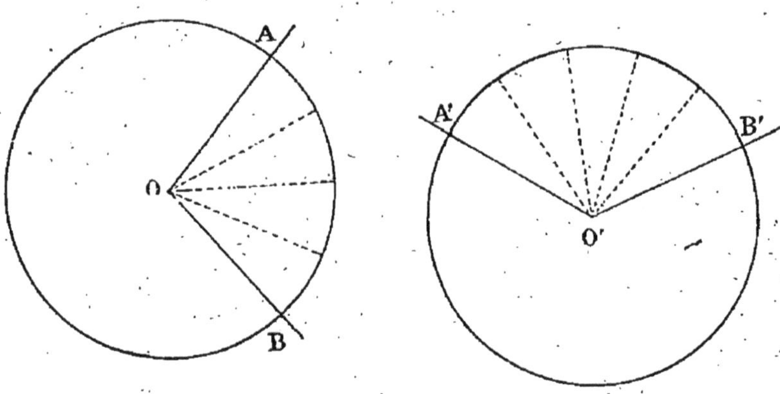

Fig. 94.

sons que les arcs aient une commune mesure, contenue, par exemple, 4 fois dans le premier, 5 fois dans le second. Dès lors :

$$\frac{\text{Arc AB}}{\text{Arc A}'\text{B}'} = \frac{4}{5}.$$

Joignons les centres aux points de division. Les angles au centre partiels ainsi formés, interceptant des arcs égaux, sont égaux, et chacun est une commune mesure aux angles AOB, A'O'B', laquelle est contenue 4 fois dans l'un, 5 fois dans l'autre. Donc :

$$\frac{\text{Angle AOB}}{\text{Angle A}'\text{O}'\text{B}'} = \frac{4}{5}.$$

On en conclut :

$$\frac{\text{Arc AB}}{\text{Arc A}'\text{B}'} = \frac{\text{Angle AOB}}{\text{Angle A}'\text{O}'\text{B}'}.$$

Nous admettons le théorème dans le cas où les arcs n'ont pas de commune mesure.

73. — **Théorème III**. — *Si l'on prend pour unité d'angle l'angle au centre qui intercepte entre ses côtés l'unité d'arc, tout angle au centre a la même mesure que l'arc qu'il intercepte.*

Soit à mesurer l'angle au centre MON (fig. 95). Prenons pour unité d'arc un arc quelconque AB, et pour unité d'angle l'angle au centre AOB. D'après le théorème précédent :

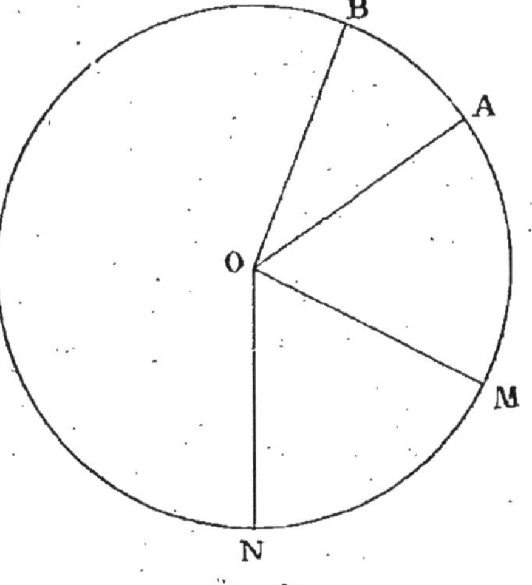

Fig. 95.

$$\frac{\text{Angle MON}}{\text{Angle AOB}} = \frac{\text{Arc MN}}{\text{Arc AB}}.$$

Mais les dénominateurs étant les unités d'angle et d'arc respectivement, ces deux rapports sont l'un la mesure de l'angle MON, l'autre celle de l'arc MN, et le théorème est démontré.

REMARQUE I. — On énonce ordinairement ce théorème sous une forme abrégée en disant que *tout angle au centre a pour mesure l'arc qu'il intercepte.*

REMARQUE II. — Menons dans un cercle deux diamètres rectangulaires AB, CD (fig. 96). Les quatre angles au centre ainsi formés, étant égaux comme droits, interceptent des arcs égaux, dont chacun est par conséquent le quart de la circonférence. Un tel arc prend le nom de QUADRANT. Ainsi *un angle droit a pour mesure un quadrant.*

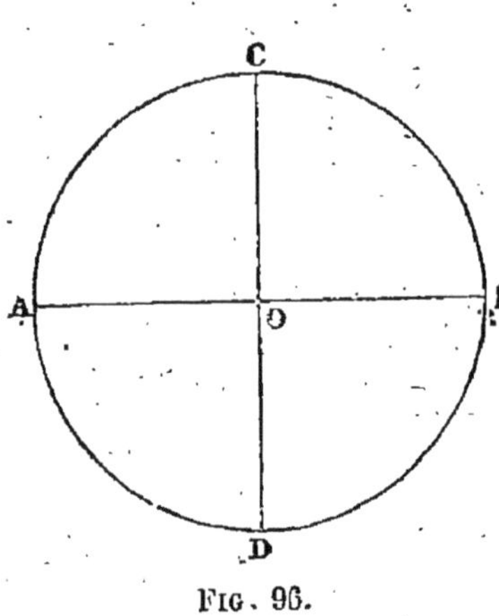

Fig. 96.

Si le quadrant est l'unité d'arc adoptée, l'angle droit est l'unité d'angle.

On prend souvent pour unité d'arc la 360e partie de la circonférence, partie que l'on appelle degré. L'unité d'angle qui en résulte d'après notre convention s'appelle angle d'un degré. Le degré se partage en 60 minutes, la minute en 60 secondes.

Quelle que soit la circonférence que l'on partage en 360 parties égales pour obtenir l'arc d'un degré, l'angle d'un degré est toujours le même : car il vaut la 360e partie de 4 angles droits.

Un angle droit vaut 90 degrés.

Angle inscrit.

74. — **Définition**. — Un angle INSCRIT est un angle formé par deux cordes issues d'un même point de la circonférence.

Théorème IV. — *Tout angle inscrit a pour mesure la moitié de l'arc qu'il intercepte.*

PREMIER CAS : Le centre est sur l'un des côtés AC de l'inscrit BAC (fig. 97). Menons le rayon OB. L'angle BOC, extérieur au triangle ABO, est égal à la somme des deux angles intérieurs qui ne lui sont pas adjacents, A et B (coroll. II, n° 45).

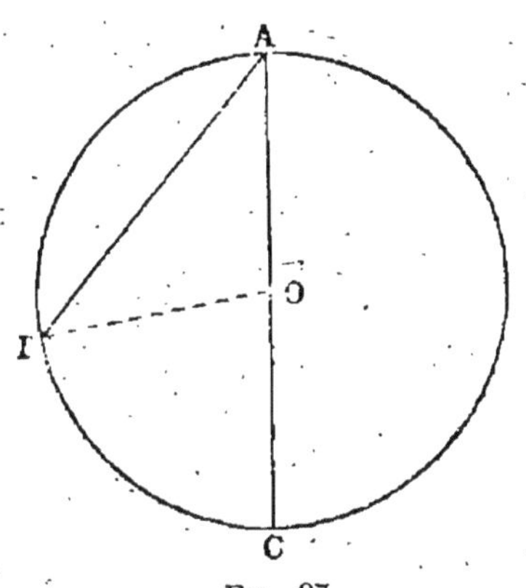

Fig. 97.

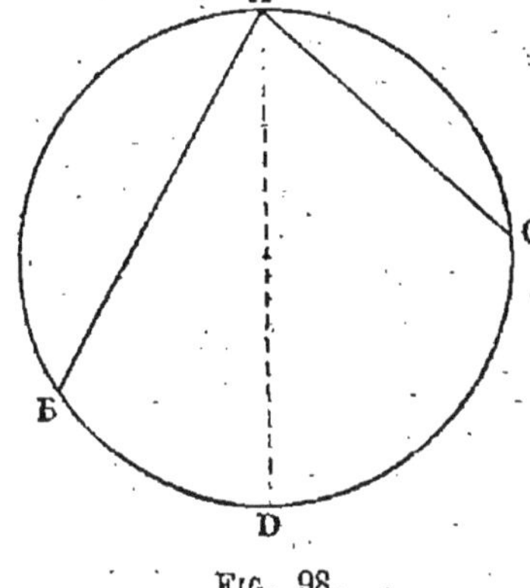

Fig. 98.

Or, ceux-ci, opposés à des côtés égaux comme rayons, sont égaux. Donc, l'un d'eux, A, vaut la moitié de l'angle BOC. Ce dernier, comme angle au centre, a pour mesure l'arc qu'il intercepte, et l'angle BAC la moitié du même arc.

Deuxième cas : Le centre est à l'intérieur de l'angle BAC (fig. 98). Menons le diamètre AD. Les angles BAD, CAD, d'après le premier cas, ont respectivement pour mesure les moitiés des arcs BD, CD. Donc leur somme BAC a pour mesure la moitié de BD, plus la moitié de CD, c'est-à-dire la moitié de l'arc BC.

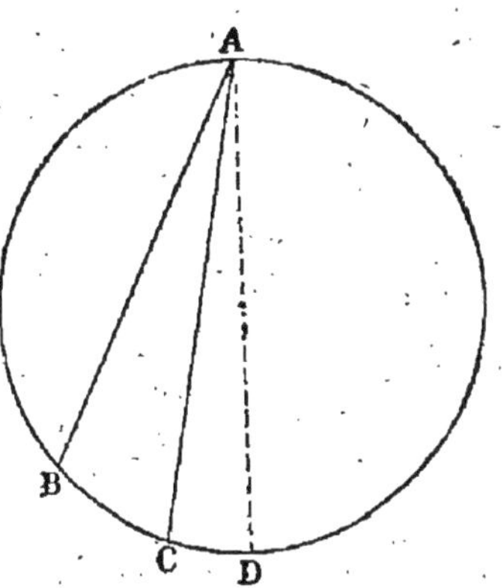

Fig. 99.

Troisième cas : Le centre est à l'extérieur de l'angle (fig. 99). Même construction. Les angles BAD, CAD ont respectivement pour mesure les moitiés des arcs BD, CD.

Donc, leur différence BAC a pour mesure $\dfrac{BD}{2} - \dfrac{CD}{2}$, ou

$\dfrac{BD - CD}{2}$, ou $\dfrac{BC}{2}$.

Corollaire I. — *Tous les angles inscrits dans un même segment sont égaux.*

Car tous ces angles AMB, AM'B, etc., ont pour mesure la

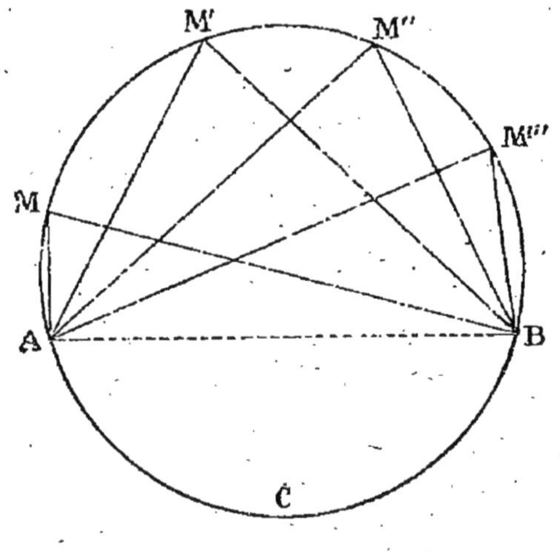

Fig. 100.

moitié de l'arc ACB, compris entre leurs côtés (fig. 100),

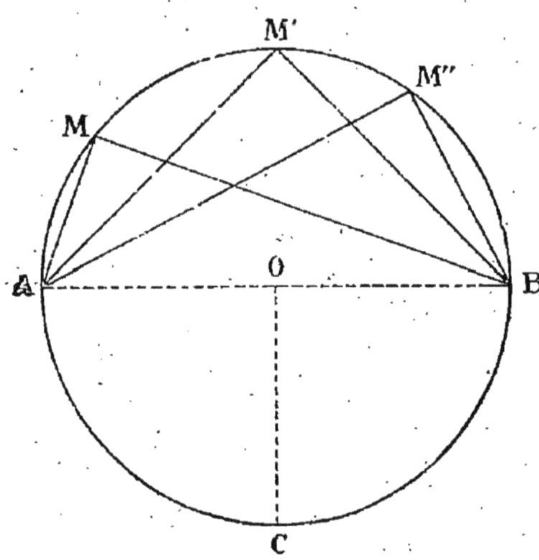

Fig. 101.

Si le segment AMB est un demi-cercle (fig. 101), chaque

angle inscrit a pour mesure la moitié de la demi-circonférence ACB, ou un quadrant. Donc :

COROLLAIRE II. — *Tout angle inscrit dans un demi-cercle est droit.*

COROLLAIRE III. — *Dans tout quadrilatère inscrit au cercle, les angles opposés sont supplémentaires.*

Soit ABCD un quadrilatère inscrit au cercle (fig. 102). L'angle inscrit A a pour mesure la moitié de l'arc BCD, compris entre ses côtés. L'angle opposé BCD a pour mesure la moitié de l'arc BAD. Donc leur somme a pour mesure la moitié de la circonférence, et vaut deux droits.

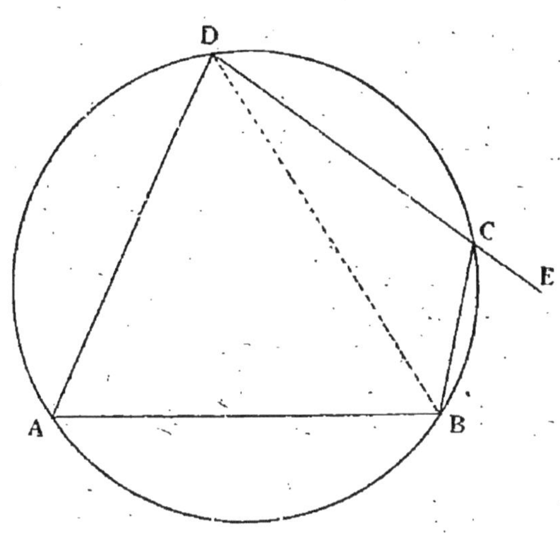

FIG. 102.

COROLLAIRE IV. — L'angle extérieur BCE est égal à l'angle A, puisqu'ils ont le même supplément BCD. Donc :
Dans tout quadrilatère inscrit au cercle, un angle extérieur est égal à l'angle intérieur opposé.

75. — Théorème V. — *Tout angle formé par une tangente et par une corde issue du point de contact a pour mesure la moitié de l'arc qu'il intercepte.*

Soit l'angle BAC formé par la tangente AB et la corde AC (fig. 103). Menons par le point A la sécante quelconque AD :

l'angle inscrit DAC a pour mesure la moitié de l'arc CD.

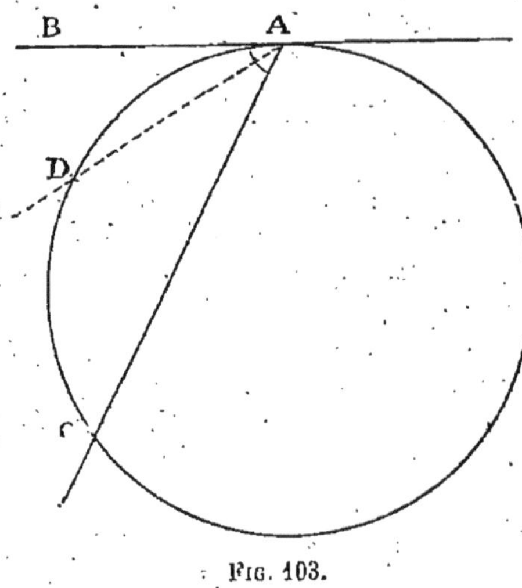

Fig. 103.

Faisons tourner cette sécante autour du point A jusqu'à ce que le point d'intersection D se confonde avec le point A, c'est-à-dire jusqu'à ce que la sécante AD devienne la tangente AB. L'angle CAD ne cesse pas d'avoir pour mesure la moitié de l'arc compris entre ses côtés : or, à la limite, cet angle est CAB, et cet arc est CA.

Angles dont le sommet est intérieur ou extérieur au cercle.

76. — Théorème VI. — *Tout angle dont le sommet est intérieur au cercle a pour mesure la demi - somme des deux arcs compris entre ses côtés et les prolongements de ses côtés.*

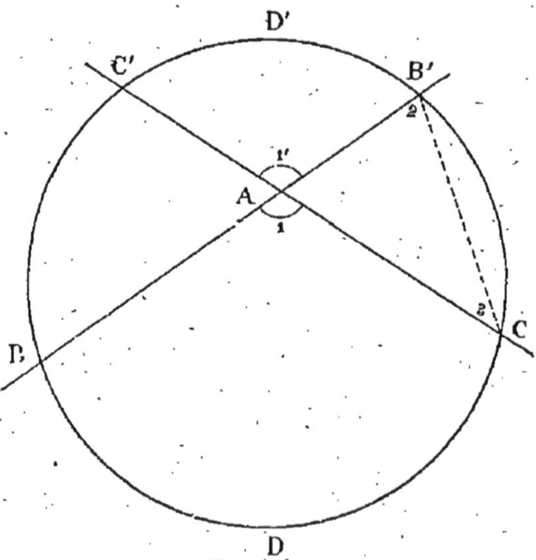

Fig. 104.

Soit l'angle 1, dont les côtés rencontrent la circonférence en B, C, et, prolongés, en B′, C′ (fig. 104). Menons la droite B′C. L'angle 1 étant un angle extérieur du triangle AB′C est égal à la somme des angles intérieurs non adjacents, 2 et 3 : or, ces angles inscrits ont respectivement pour mesure les moitiés des arcs BDC, B'D'C'. Donc, leur somme BAC a pour mesure la demi-somme de ces arcs.

77. — **Théorème VII.** — *Tout angle dont le sommet est hors du cercle et dont les côtés coupent la circonférence, a pour mesure la moitié de la différence des arcs compris entre ses côtés.*

Soit l'angle 1 (fig. 105) dont les côtés rencontrent la cir-

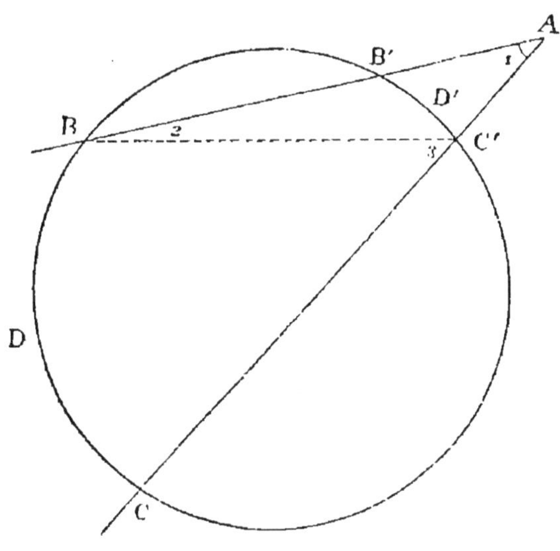

Fig. 105.

conférence en B, B', C, C'. Menons la corde BC'. L'angle 3, extérieur au triangle ABC', est égal à la somme des deux angles intérieurs non adjacents 1 et 2, et par conséquent l'angle 1 est égal à l'angle 3, diminué de l'angle 2. Or, les angles inscrits 3 et 2 ont respectivement pour mesure la moitié de chacun des arcs BDC, B'D'C'. Donc leur différence 1 a pour mesure la moitié de BDC, moins la moitié de B'D'C'.

Corollaire I. — *Un angle formé par une tangente et une sécante a pour mesure la demi-différence des arcs compris entre ses côtés.*

En effet, si dans la figure précédente on fait tourner la

sécante ABB′ autour du point A jusqu'à ce que les points

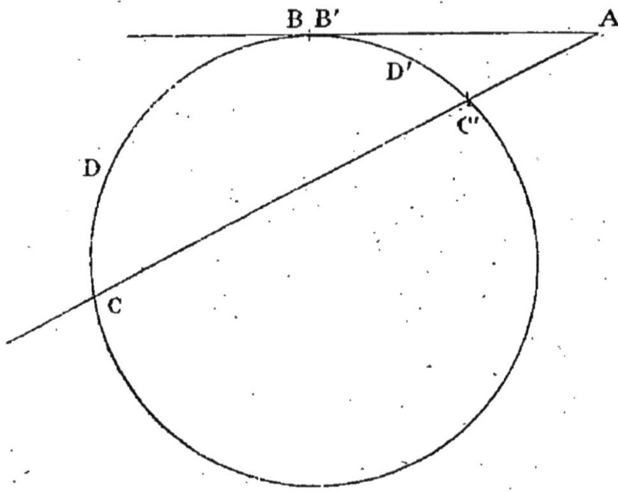

Fig. 106.

BB se confondent en un seul (fig. 106), l'angle A a toujours pour mesure la demi-différence des arcs qu'il intercepte et qui sont, à la limite, CDB, C′D′B′.

COROLLAIRE II. — *Un angle formé par deux tangentes a pour mesure la demi-différence des arcs qu'il intercepte.*

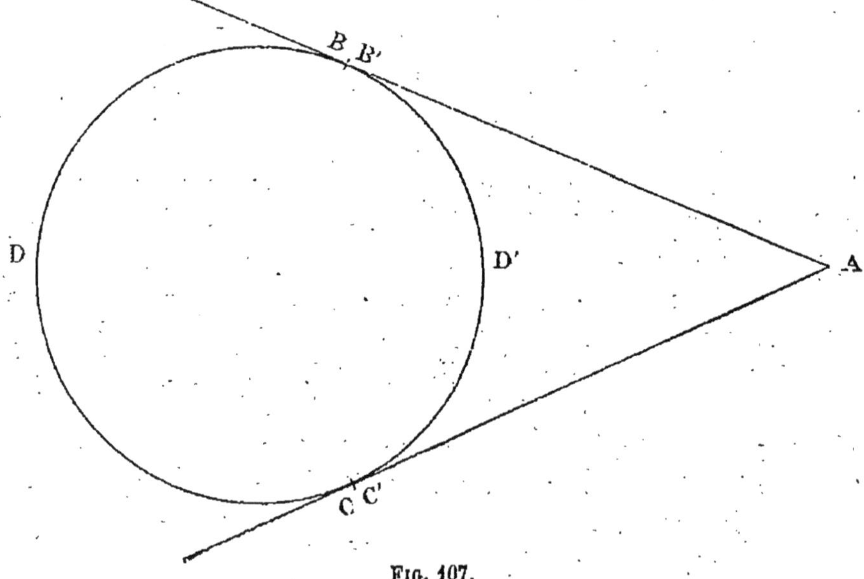

Fig. 107.

On le reconnaît de même en faisant tourner autour du point A, dans la figure 104, les sécantes AB′B, AC′C, jusqu'à ce que les points B et B′ se confondent en un seul, ainsi que C et C′ (fig. 107).

78. — **Théorème VIII**. — *Lorsqu'un angle de grandeur constante AMB se déplace dans un plan de telle sorte que ses côtés passent constamment par deux points fixes A et B, son sommet décrit un arc de cercle.*

Soit AMB une des positions de l'angle (fig. 108). Par les

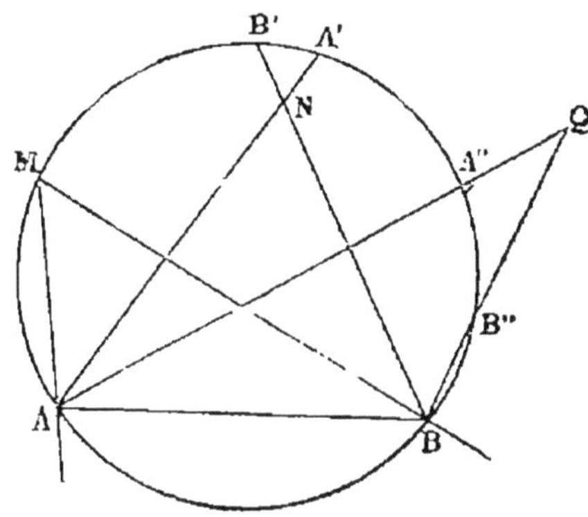

Fig. 108.

trois points AMB, faisons passer une circonférence. Le sommet de l'angle mobile ne peut se placer dans l'intérieur du cercle, en N par exemple : car l'angle ANB a pour mesure la demi-somme des arcs ANB, A′NB′ (théor. VI), et est plus grand que l'angle AMB, qui a pour mesure la moitié de l'arc ANB. Le sommet de l'angle ne peut pas non plus se trouver hors du cercle, en Q par exemple : car l'angle AQB a pour mesure la demi-différence des arcs AB, A″B″ (théor. VII), et est plus petit que l'angle AMB. Donc, le sommet de l'angle ne peut se trouver que sur l'arc AMB.

Corollaire I. — On peut énoncer ce théorème en disant que *le lieu des points situés d'un même côté d'une droite et d'où l'on voit une droite AB sous un angle donné, est un arc de cercle passant par les extrémités de la droite.*

Si l'on rabat cet arc autour de la droite AB, de l'autre côté du plan, en AM'B (fig. 109), l'ensemble des deux arcs

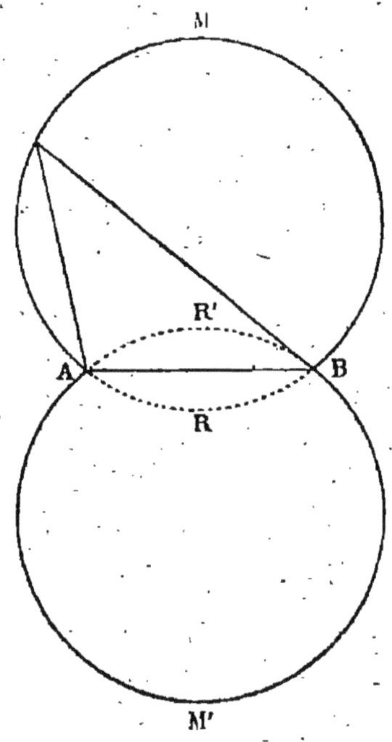

Fig. 109

AMB, AM'B est le lieu des points du plan d'où l'on voit la droite AB sous l'angle donné.

Quant aux arcs ARB, AR'B, prolongements des premiers, ils forment le lieu des points d'où l'on voit la droite AB sous l'angle supplémentaire du premier (coroll. III, n° 74).

Remarque. — Le segment AMB est dit *capable* de l'angle M.

CorollaIRE II (réciproque du corollaire III, n° 74). — *Tout quadrilatère convexe dont deux angles opposés sont supplémentaires est inscriptible au cercle.*

Soit ABCD (fig. 110) un quadrilatère dont les angles opposés A et C sont supplémentaires. Faisons passer une

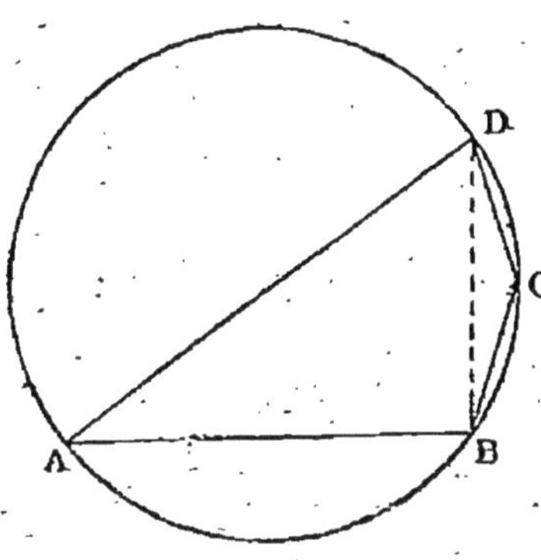

Fig. 110.

circonférence par les trois points D, A, B. Elle passe par le point C : car de ce point, on voit la droite BD sous l'angle supplémentaire de l'angle A, et le lieu des points satisfaisant à cette condition, au delà de la droite BD, par rapport au point A, est le prolongement de l'arc DAB.

CHAPITRE V

PROBLÈMES GRAPHIQUES SUR LES DEUX PREMIERS LIVRES

Usage de la règle et de l'équerre.

79. — Problème I. — *Mener une ligne droite d'un point à un autre, et vérifier une règle.*

On place la règle de manière que son arête passe par les

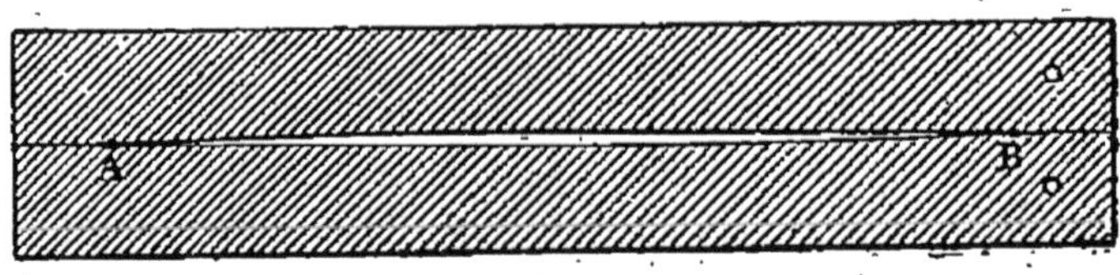

FIG. 111.

deux points donnés A et B et, en faisant glisser le crayon le long de la règle, on obtient la droite demandée.

Pour vérifier la règle, on recommence l'opération en retournant la règle sur son autre face. Si les deux lignes ainsi tracées se confondent, la règle est juste ; autrement elle est fausse (fig. 111).

80. — Problème II. — *Mener une perpendiculaire à une droite par un point donné.*

On peut résoudre ce problème à l'aide de l'ÉQUERRE : c'est une planchette qui a la forme d'un triangle rectangle.

On applique la règle le long de la droite donnée XY (fig. 112) et on appuie un des côtés de l'angle droit de l'équerre contre la règle ; on fait glisser l'équerre sur la règle jusqu'à

ce que l'autre côté de l'angle droit BC passe par le point
donné A, et enfin on tire la droite BC : c'est la perpendiculaire demandée.

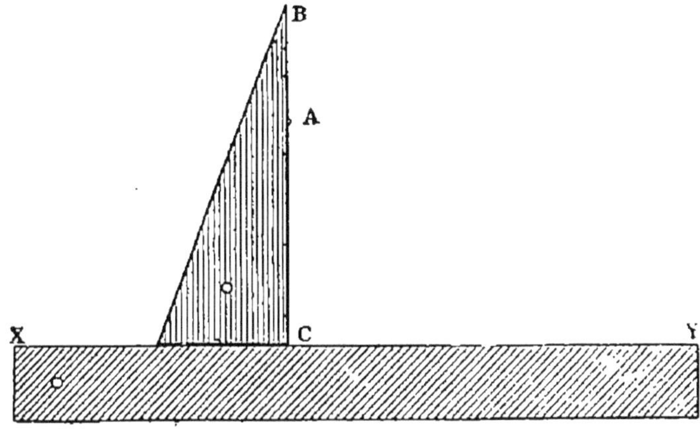

Fig. 112.

La construction est la même, que le point A soit sur la
droite ou hors de la droite.

Pour vérifier l'équerre, on mène une perpendiculaire à

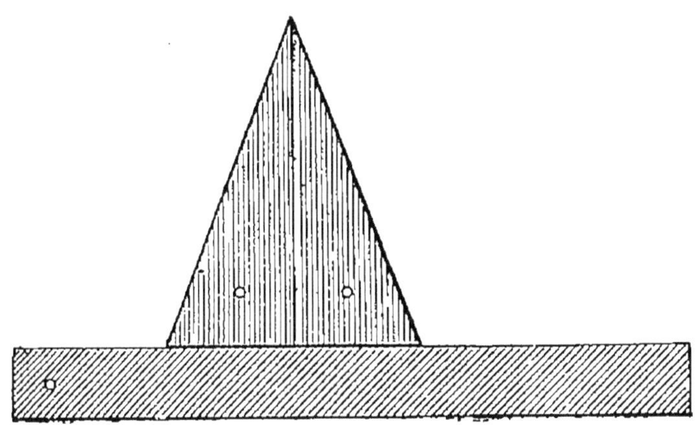

Fig. 113.

une droite par un point de cette droite, puis on recommence l'opération en retournant l'équerre. Si les deux
perpendiculaires se confondent (fig. 113), l'équerre est
juste ; autrement (fig. 114), elle est fausse.

81. — **Problème III**. — *Par un point donné mener une parallèle à une droite donnée.*

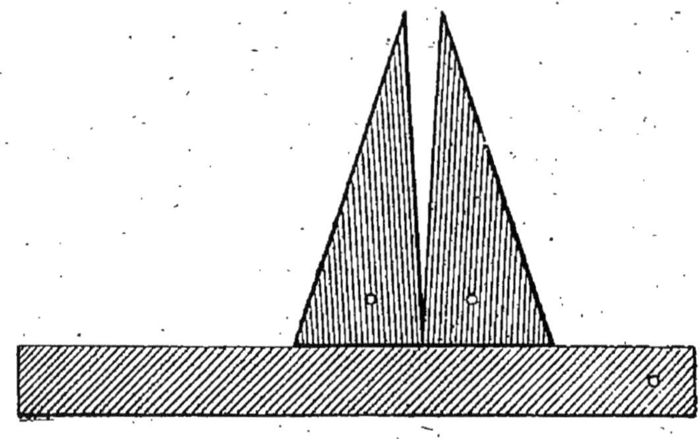

FIG. 114.

Soit A le point, XY la droite donnée (fig. 115). On place

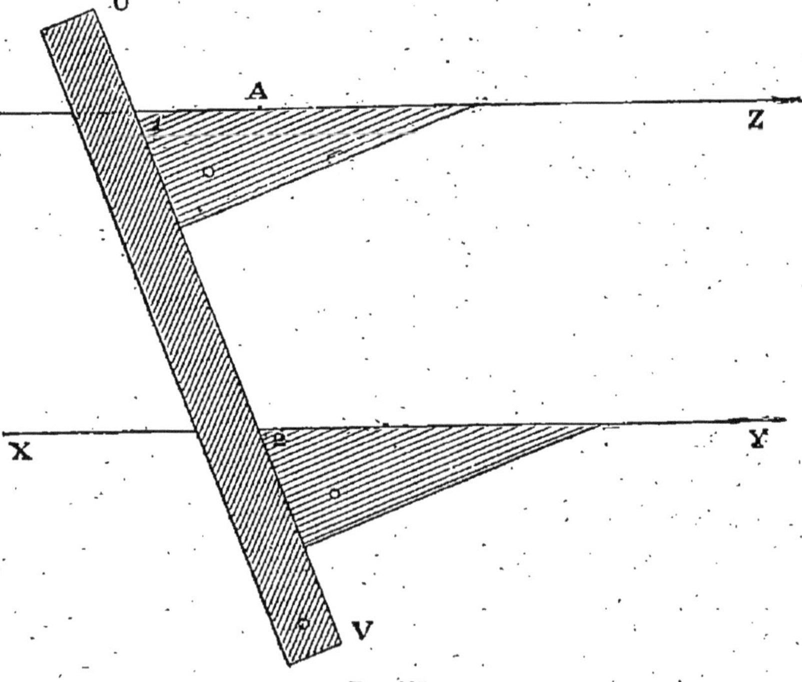

FIG. 115.

un des côtés de l'équerre le long de la droite, on applique

la règle UV sur un autre côté de l'équerre, et on fait glisser l'équerre sur la règle, jusqu'à ce que le côté dirigé précédemment suivant XY passe par le point A. On trace alors la droite Z suivant ce côté : c'est la parallèle demandée.

En effet, les droites XY, Z sont parallèles puisqu'elles forment avec la droite UV des angles correspondants égaux, 1 et 2.

Problèmes résolus à l'aide du compas.

82. — **Problème IV**. — *Mener à une droite une perpendiculaire qui la partage en deux parties égales.*

Des extrémités A et B de la droite (fig. 116), comme centres, avec un même rayon plus grand que la moitié de la droite, on décrit deux arcs de cercle, qui se coupent en deux points C et C′, et on trace la droite CC′ : c'est la perpendiculaire demandée.

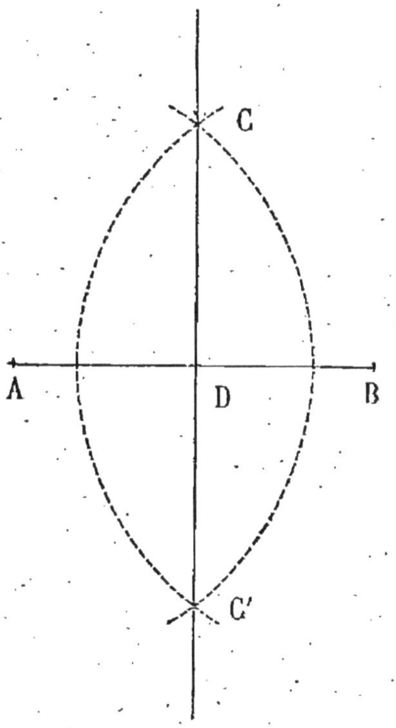

D'abord les deux arcs se coupent (coroll., n° 64), puisque la distance AB des centres est plus petite que la somme des rayons, et plus grande que leur différence, qui est nulle. De plus, les points C, C′, étant également distants des extrémités de la droite, appartiennent à la perpendiculaire demandée (théor. III, n° 29). La droite qui les joint est donc cette perpendiculaire.

REMARQUE I. — Cette construction donne en même

FIG. 116.

temps le moyen de trouver le milieu D de la droite AB.

REMARQUE II. — D'après le théorème I, n° 59, la même construction conduit à faire passer une circonférence par trois points donnés. Elle sert aussi à trouver le centre d'une circonférence donnée : car il suffit de prendre trois points arbitrairement sur cette circonférence, et de construire le centre de la circonférence passant par ces trois points.

83. — **Problème V.** — *Par un point donné sur une droite élever une perpendiculaire à cette droite.*

Soit le point D donné sur la droite XY (fig. 117). De part

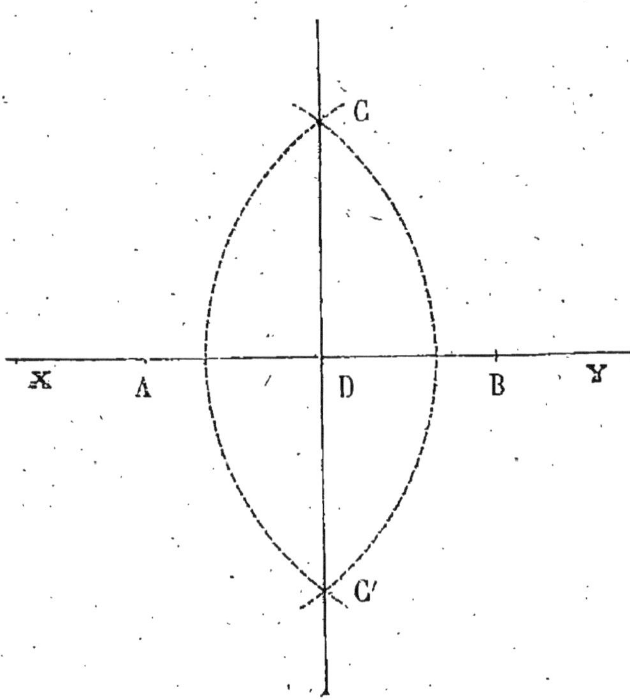

FIG. 117.

et d'autre du point D, on porte sur la droite les longueurs égales DA, DB, et on opère sur la droite AB comme dans le problème précédent.

Comme vérification, les trois points C, D, C′ doivent être en ligne droite.

84. — **Problème VI.** — *Par un point donné hors d'une droite, mener une perpendiculaire à cette droite.*

Soit le point D donné hors de la droite XY (fig. 118). De ce point comme centre, avec un rayon suffisamment grand, on décrit un arc de cercle qui coupe la droite en deux points A et B, et on opère sur la droite AB comme dans les deux problèmes précédents.

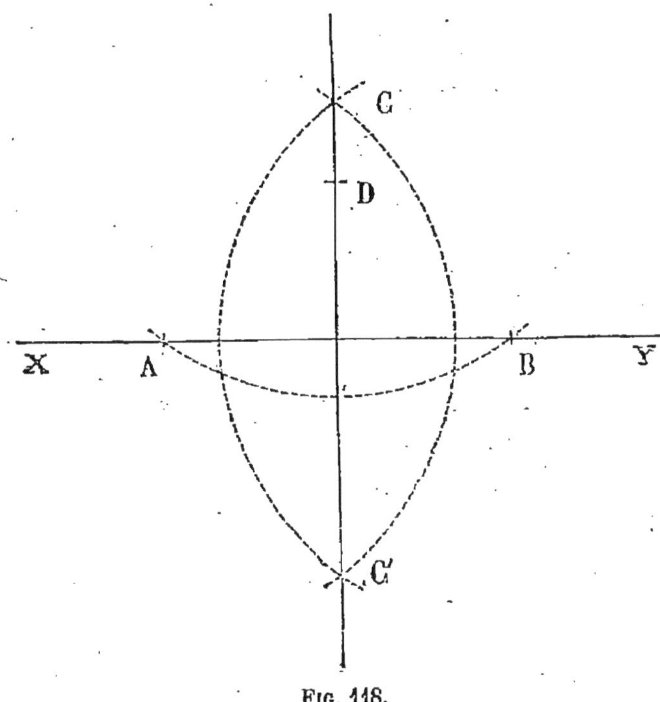

FIG. 118.

Car le point D, également distant des deux points A et B, appartient à la perpendiculaire élevée à la droite AB par son milieu, et il suffit de construire cette perpendiculaire.

Comme vérification, les trois points C, D, C′ doivent être en ligne droite.

85. — **Problème VII.** — *Par un point donné sur une droite, mener une droite faisant avec la première un angle égal à un angle donné.*

Soit A le point donné sur la droite XY, O l'angle donné

(fig. 119). Du point O comme centre, avec un rayon quelconque, on décrit une circonférence qui coupe en B et en C les deux côtés de l'angle. Du point A comme centre, avec le même rayon, on décrit une seconde circonférence qui rencontre XY en D, et on porte sur cette circonférence un arc DE égal à l'arc BC : il suffit pour cela de décrire du point D comme centre, avec une ouverture de compas égale à la distance BC, un arc qui coupe DE en E ; car les arcs DE, BC, ayant des cordes égales, sont égaux. Enfin on mène la

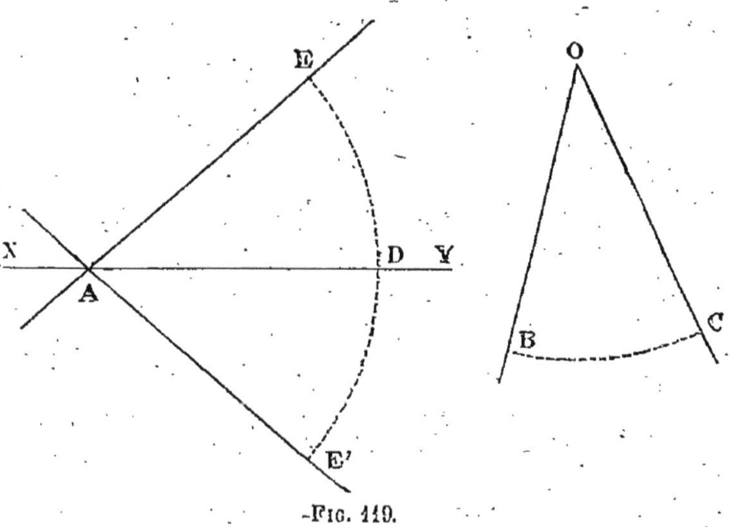

Fig. 119.

droite AE : elle satisfait à la question, puisque les angles au centre DAE, BOC, interceptant des arcs égaux dans des cercles égaux, sont égaux (théor. I, n° 71).

Il y a deux solutions AE, AE', puisqu'on peut prendre l'arc DE, ou DE', d'un côté ou de l'autre de XY.

Usage du rapporteur. — On peut résoudre la même question à l'aide du RAPPORTEUR, demi-cercle de laiton ou de corne, dont le bord ou LIMBE est partagé en degrés ou demi-degrés.

Cet instrument sert d'abord à mesurer un angle. A cet effet, on place le centre du rapporteur au sommet O de l'angle (fig. 120), on dirige le diamètre suivant un des côtés

OA, et on lit le nombre de degrés interceptés sur le limbe entre les deux côtés OA, OB.

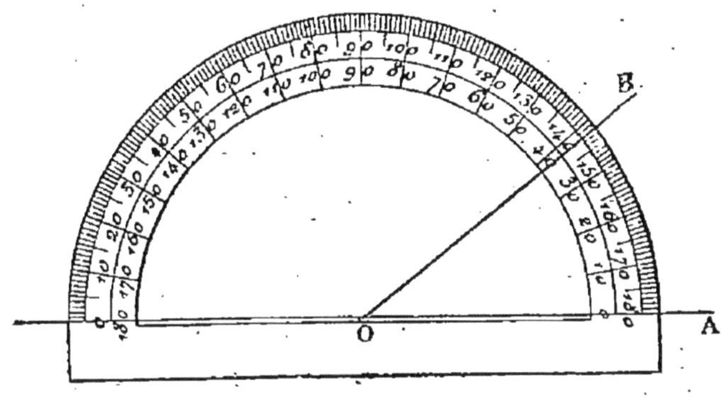

FIG. 120.

Pour résoudre le problème précédent, on commence par mesurer l'angle BOC (fig. 121), on place ensuite le centre

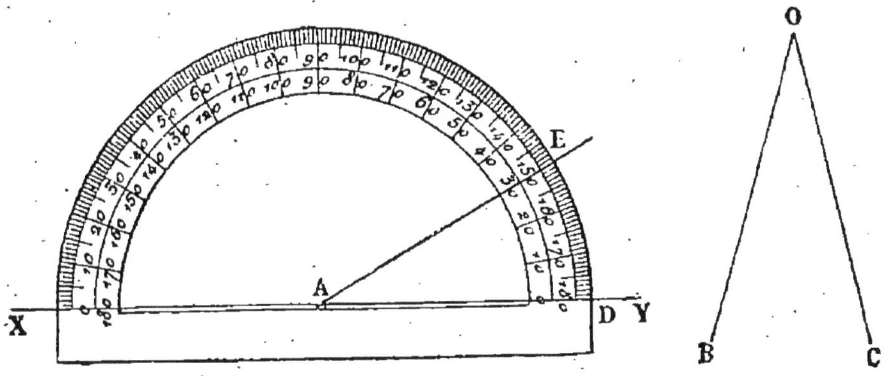

FIG. 121.

du rapporteur au point A, en dirigeant le diamètre suivant la droite XY, on marque un point à l'extrémité E de l'arc qui mesure l'angle BOC, et on trace la droite AE.

Vérification du rapporteur. — On vérifie le rapporteur en mesurant un même angle avec différentes portions du limbe : on doit toujours trouver la même mesure.

86. — **Problème VIII.** — *Par un point donné hors d'une droite, mener une parallèle à cette droite.*

C'est le problème déjà résolu à l'aide de l'équerre (n° 78). Voici une solution par la règle et le compas.

Soit A le point, XY la droite donnée (fig. 122). Du point A comme centre, avec un rayon suffisamment grand, on

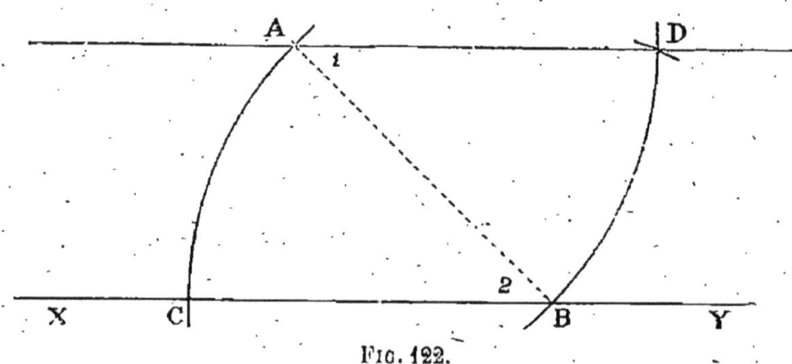

FIG. 122.

décrit une circonférence qui coupe XY en B. Du point B comme centre, avec le même rayon, on décrit l'arc AC, coupant XY en C ; sur la première circonférence, on prend l'arc BD égal à AC, et on mène la droite AD : c'est la parallèle demandée.

Car si l'on imagine la droite AB, les angles 1 et 2 sont égaux comme angles au centre interceptant des arcs égaux dans des cercles égaux ; donc les droites AD, XY formant avec la sécante AB des angles alternes internes égaux, sont parallèles.

87. — Problème IX. — *Mener la bissectrice d'un angle.*

Du sommet O de l'angle XOY, avec un rayon suffisamment grand, on décrit un arc de cercle qui coupe les côtés en A et B (fig. 123). De ces points comme centres, avec un même rayon plus grand que la moitié de la distance AB, on décrit deux arcs de cercle qui se coupent aux points C, C', et on trace la droite CC' : c'est la bissectrice demandée. Car cette droite étant perpendiculaire sur le milieu de la corde AB, passe par le centre, et partage l'arc AB ainsi que l'angle XOY en deux parties égales (coroll., n° 66).

Comme vérification, les trois points O, C′, C, doivent être en ligne droite.

REMARQUE I. — En répétant cette construction, on

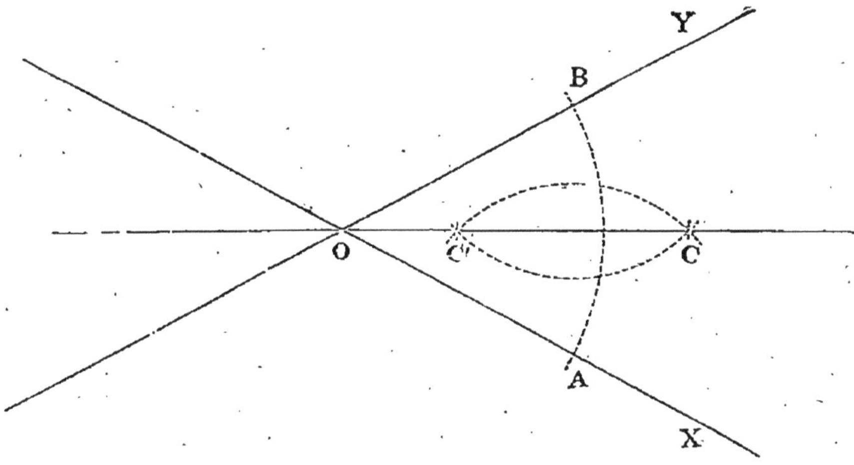

FIG. 123.

partage un angle en 4, 8, 16, et en général en 2^n parties égales.

REMARQUE II. — La même construction sert à partager un arc AB en 2, et par suite en 2^n parties égales.

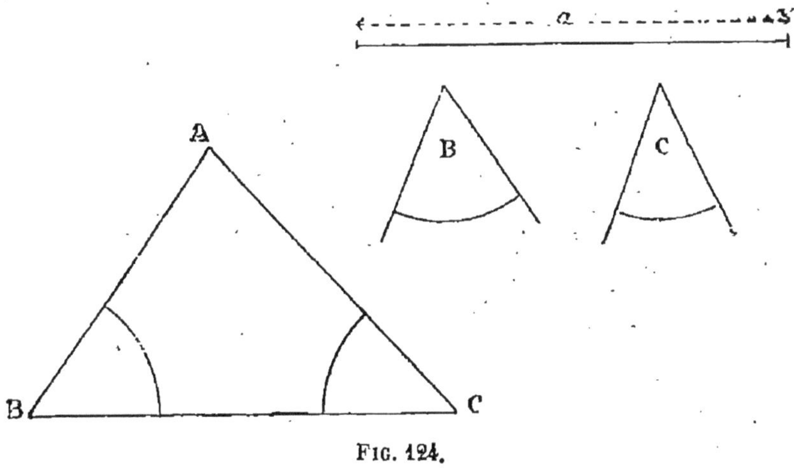

FIG. 124.

88. — **Problème X.** — *Construire un triangle, connaissant un côté et deux angles.*

On peut supposer que les deux angles donnés B et C (fig. 124), soient adjacents au côté donné a : car, étant donnés deux angles quelconques d'un triangle, on construit aisément le troisième, qui est le supplément de la somme des deux premiers. Les trois angles peuvent donc être supposés connus.

On trace une droite BC égale au côté donné a; par ses deux extrémités on trace des droites formant avec BC, d'un même côté, des angles égaux respectivement à B et à C. On obtient ainsi le triangle donné ABC.

Il n'y a qu'un triangle satisfaisant à la question : car tous les triangles ayant un côté égal adjacent à deux angles égaux sont égaux.

89. — Problème XI. — *Construire un triangle, connaissant deux côtés et l'angle qu'ils comprennent.*

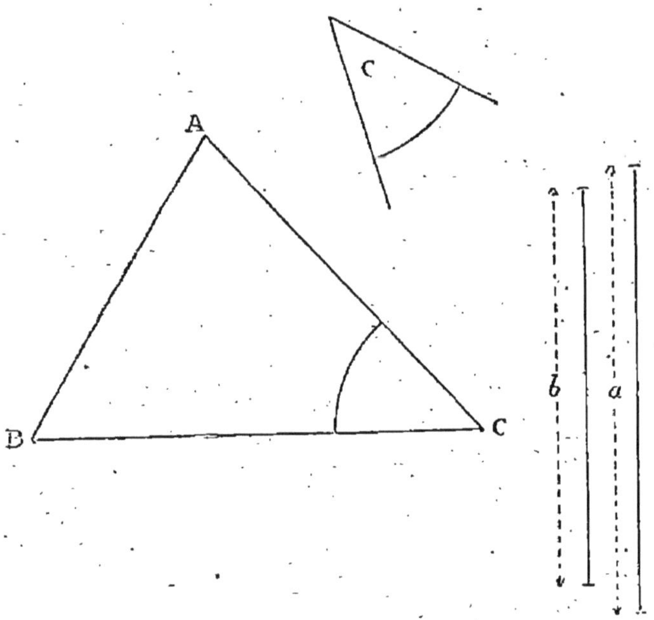

Fig. 125.

Soit C l'angle donné (fig. 125), a et b les deux côtés. On fait un angle BCA égal à l'angle donné, on prend sur les côtés les longueurs CB, CA, respectivement égales à a et à b, et on trace la droite AB. Le triangle ABC satisfait à la question.

Il n'y a qu'une solution, comme dans le problème précédent.

90. — **Problème XII**. — *Construire un triangle, connaissant ses trois côtés.*

Soient a, b, c, les trois côtés donnés. On trace une droite

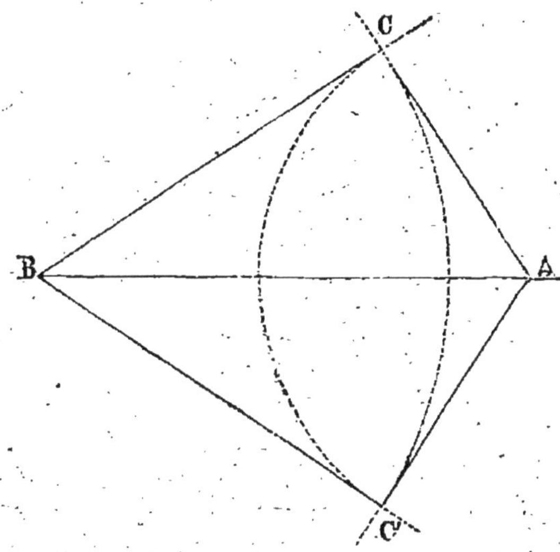

Fig. 126.

AB égale à c (fig. 126); de ses deux extrémités A et B, avec des rayons respectivement égaux à b et à a, on décrit deux cercles : supposons qu'ils se coupent. On joint par des droites les points A et B aux points d'intersection C et C'; les deux triangles ABC, ABC' satisfont à la question.

Mais ils sont égaux comme ayant leurs trois côtés égaux, et il n'y a qu'une solution.

Pour que le problème soit possible, il faut et il suffit (coroll. 3°, n° 64) que l'un des côtés, par exemple c, soit plus petit que la somme des deux autres et plus grand que leur différence.

91. — Problème XIII. — *Construire sur une droite donnée un segment capable d'un angle donné.*

Soit AB la droite, α l'angle (fig. 127). Supposons le problème résolu, et soit AMB le segment demandé, en sorte que tout angle AMB inscrit dans ce segment est égal à α.

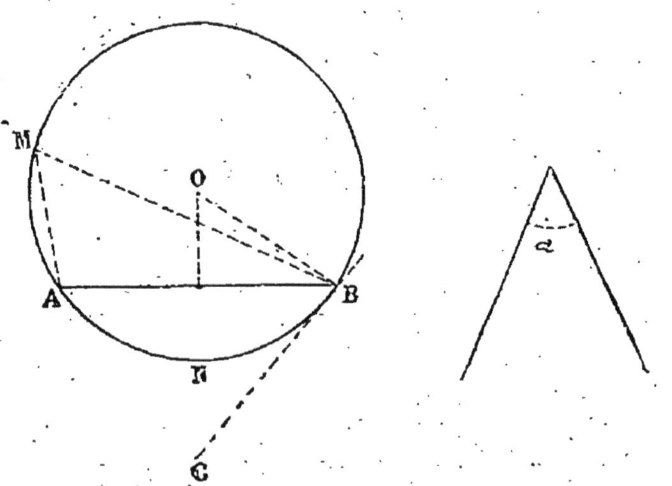

Fig. 127.

Par le point B, imaginons la tangente BC au cercle. L'angle ABC est égal à l'angle AMB, c'est-à-dire à α, parce qu'ils ont tous deux pour mesure la moitié de l'arc intercepté ANB. Le centre O du cercle se trouvant sur la perpendiculaire élevée à la droite AB par son milieu, et sur la perpendiculaire élevée à la tangente BC par le point de contact, il en résulte la construction suivante :

On fait l'angle ABC égal à α, on élève la perpendiculaire sur le milieu de AB, et la perpendiculaire à BC par le point B. Le centre O est à la rencontre de ces deux perpendiculaires.

Problèmes sur les tangentes.

92. — Problème XIV. — *Mener la tangente au cercle par un point de la circonférence.*

Il suffit d'élever la perpendiculaire XY à l'extrémité du rayon OA mené au point de contact (fig. 128).

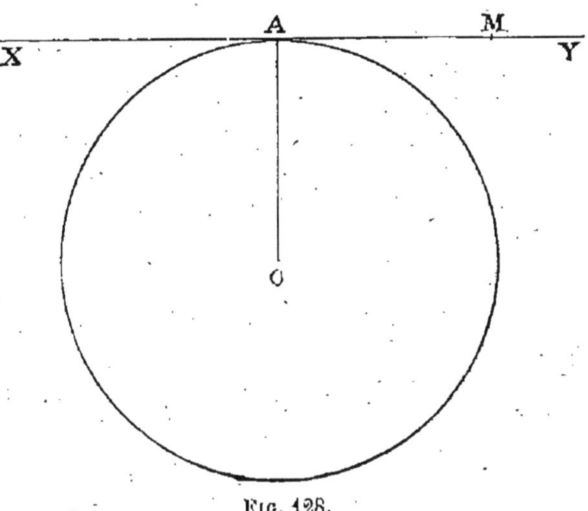

FIG. 128.

93. — Problème XV. — *Mener au cercle une tangente parallèle à une droite donnée* XY.

Il suffit de mener le diamètre AB (fig. 129) perpendicu-

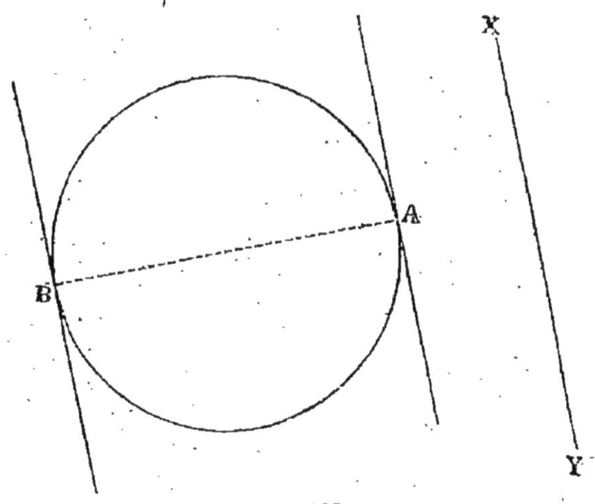

FIG 129.

laire à la droite donnée XY, et de tracer des parallèles à XY par les points A et B : elles satisfont à la question.

Il y a donc deux solutions.

94. — **Problème XVI.** — *Mener une tangente à un cercle par un point extérieur.*

Soit O le centre, A le point donné (fig. 130). Sur la droite

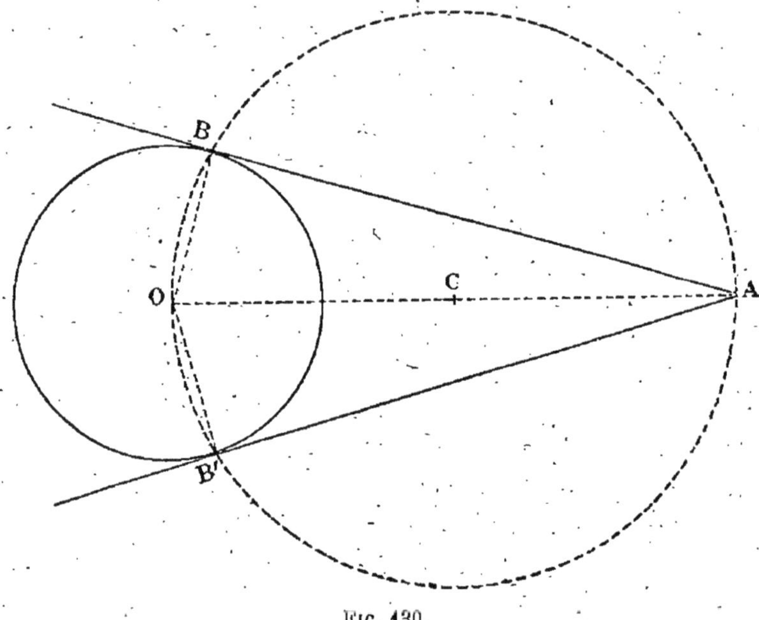

FIG. 130.

OA comme diamètre on décrit une circonférence : elle coupe la circonférence donnée en deux points B et B′. Les deux droites AB, AB′ sont les tangentes demandées.

Car si l'on mène les rayons OB, OB′, les angles OBA, OB′A sont droits comme inscrits chacun dans un demi-cercle, et par conséquent AB, AB′, perpendiculaires chacune à l'extrémité d'un rayon, sont tangentes au cercle.

Ainsi il y a deux solutions.

COROLLAIRE. — Les deux triangles rectangles OAB, OAB′ sont égaux comme ayant l'hypoténuse OA commune, et un côté de l'angle droit égal, savoir les rayons OB, OB′. Donc les troisièmes côtés AB, AB′ sont égaux, et il en est de même des angles OAB, OAB′. Donc :

Les tangentes menées d'un même point à un cercle sont égales et également inclinées sur la droite qui joint ce point au centre.

95. — Problème XVII. — *Mener une tangente com-mune à deux cercles.*

Soient les deux cercles O et P.

1° Proposons-nous d'abord de leur mener une tangente commune EXTÉRIEURE. Supposons le problème résolu. Soit AB une telle tangente (fig. 131). Menons les rayons OA, PB,

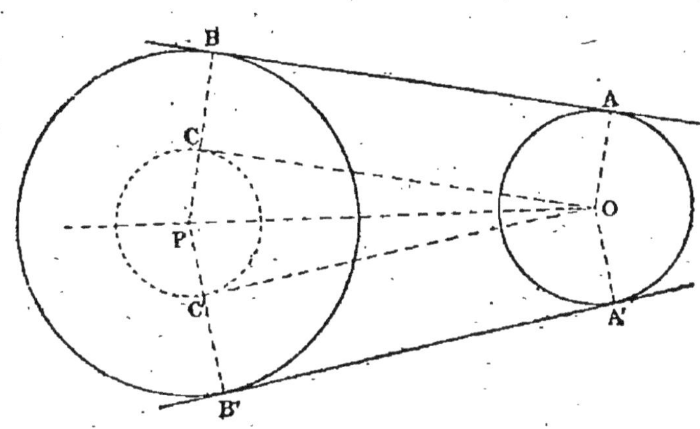

Fig. 131.

aux points de contact et menons OC parallèle à AB. Le quadrilatère ABCO étant un rectangle, CB est égal au rayon OA, et PC est égale à la différence des rayons. Il en résulte que OC est tangente au cercle décrit du point P comme centre avec un rayon égal à la différence des rayons. D'où la construction suivante :

Du centre P de l'un des cercles, avec un rayon égal à la différence des rayons, on décrit un cercle. Du centre O de l'autre cercle, on lui mène une tangente OC. On mène au point de contact le rayon PC, qui rencontre la circonférence donnée P en B. Par le point B on mène la droite BA parallèle à CO : cette droite BA satisfait à la question.

DISCUSSION. — Si le point O est extérieur au cercle auxiliaire, on peut par ce point mener deux tangentes OC, OC' au cercle auxiliaire, et il y a deux solutions. Alors la ligne des centres des deux cercles donnés étant plus grande que la différence des rayons, les cercles donnés sont ou extérieurs l'un à l'autre, ou tangents extérieurement, ou sécants (coroll., n° 64).

Si le point O est sur la circonférence auxiliaire, on ne peut mener par ce point qu'une tangente au cercle auxiliaire (fig. 132), et il n'y a qu'une tangente commune extérieure. Alors la distance des centres est égale à la différence des rayons, et les cercles sont tangents intérieurement. La tangente commune extérieure unique est tangente à chaque cercle en leur point de contact.

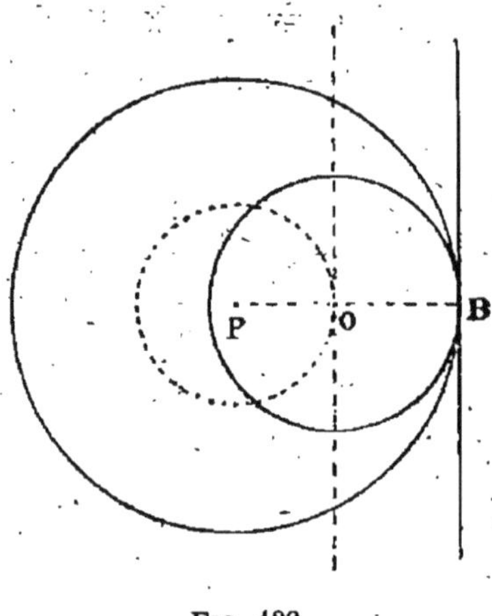

FIG. 132.

Enfin si le point O est intérieur au cercle auxiliaire, on ne peut mener par ce point aucune tangente à ce cercle, et il n'y a aucune solution. Alors la distance des centres est plus petite que la différence des rayons, et les cercles sont intérieurs l'un à l'autre.

En résumé, si les cercles sont extérieurs l'un à l'autre, ou tangents extérieurement, ou sécants, il y a deux tangentes communes extérieures.

S'ils sont tangents intérieurement, il y en a une seule.

S'ils sont intérieurs l'un à l'autre, il n'y en a aucune.

2° Proposons-nous de mener aux deux cercles une tangente commune INTÉRIEURE. Supposons encore le problème résolu, et soit AB (fig. 133) une telle tangente. Menons les rayons OB, PA aux points de contact, et traçons OC parallèle à BA. Le quadrilatère OBAC est un rectangle, AC est égal au rayon OB, et PC à la somme des rayons. Il en résulte que OC est tangente au cercle décrit du point P comme centre avec un rayon égal à la somme des rayons. D'où la construction suivante :

Du centre P de l'un des cercles, avec un rayon égal à la somme des rayons, on décrit un cercle. Par le centre O de l'autre cercle, on lui mène une tangente OC. On mène le rayon PC du point de contact, qui coupe le cercle donné P en un point A, et par ce point on mène la parallèle AB à CO : cette droite AB satisfait à la question.

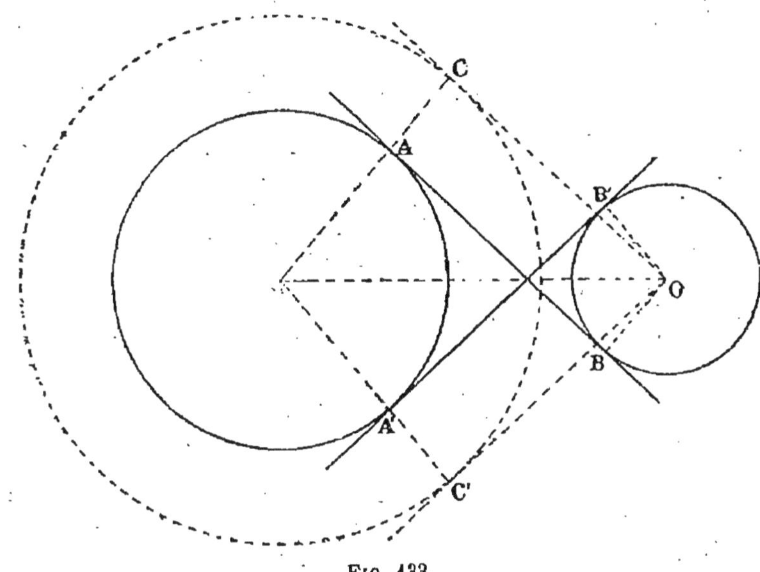

Fig. 133.

DISCUSSION. — Si le point O est extérieur au cercle auxi-

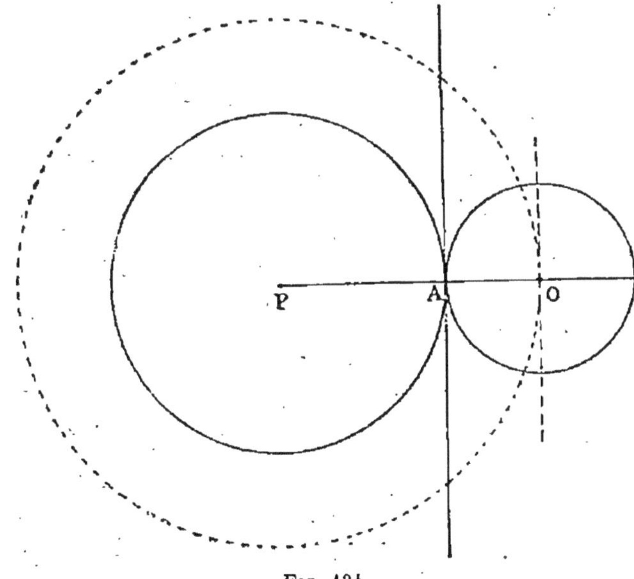

Fig. 134.

liaire, il y a deux solutions. Alors la distance des centres est plus grande que la somme des rayons, et les cercles sont extérieurs l'un à l'autre.

Si le point O est sur la circonférence auxiliaire, on ne peut mener par ce point qu'une tangente au cercle auxiliaire, et il n'y a qu'une seule solution (fig. 134). Alors la distance des centres est égale à la somme des rayons, et les cercles sont tangents extérieurement. La tangente commune est tangente à chacun des cercles en leur point de contact.

Enfin si le point O est intérieur au cercle auxiliaire, il n'y a pas de solution. Alors la distance des centres est plus petite que la somme des rayons, et les cercles sont ou sécants, ou tangents intérieurement, ou intérieurs l'un à l'autre.

En résumé, si les deux cercles sont extérieurs l'un à l'autre, il y a deux tangentes communes extérieures.

S'ils sont tangents extérieurement, il y en a une.

S'ils sont sécants, tangents intérieurement, ou intérieurs l'un à l'autre, il n'y en a aucune.

Exercices sur le Livre II.

THÉORÈMES A DÉMONTRER.

1. Deux parallèles interceptent sur une circonférence des arcs égaux. (On distinguera trois cas, suivant que ces deux parallèles sont sécantes, que l'une est tangente et l'autre sécante, ou qu'elles sont toutes deux tangentes.)

2. Lorsqu'un trapèze est inscrit dans un cercle, le point de rencontre de ses diagonales et celui de ses côtés non parallèles sont sur une même ligne droite passant par le centre.

3. Lorsqu'un polygone d'un nombre de côtés pair est inscrit dans un cercle, la somme de ses angles de rang pair est égale à celle de ses angles de rang impair. La réciproque est-elle vraie?

4. Lorsque deux circonférences se coupent, si par l'un de leurs points d'intersection on mène un diamètre de chacune d'elles, les extrémités de ces diamètres et le second point d'intersection sont sur une même droite.

5. Si sur chaque côté d'un triangle comme diamètre on décrit une circonférence, ces trois circonférences se coupent deux à deux sur les côtés du triangle ou sur leur prolongement.

6. Lorsqu'un quadrilatère est circonscrit à un cercle, la somme de deux côtés opposés est égale à la somme des deux autres, et réciproquement.

7. Lorsque deux circonférences sont tangentes, soit intérieurement, soit extérieurement, si par le point de contact on mène une droite quelconque, les tangentes aux points où cette droite coupe les deux circonférences sont parallèles.

8. Lorsque deux circonférences sont tangentes, si par le point de contact on mène deux droites dont la première les coupe en A et en A', la seconde en B et en B', les cordes AB, A'B' sont parallèles.

9. Lorsqu'un cercle est inscrit à un angle, si l'on mène une tangente quelconque au plus petit des arcs joignant les points de contact, on détermine un triangle dont le périmètre est constant. Comment l'énoncé doit-il être modifié si la tangente est menée au plus grand des arcs joignant les points de contact?

10. Lorsque deux circonférences se coupent en deux points A et B, si par l'un de ces points A on mène une droite quelconque qui les coupe en C et en D respectivement, le triangle CBD a ses angles constants.

11. Lorsque deux circonférences se coupent, si par l'un de leurs points d'intersection on mène une sécante quelconque, les tangentes menées aux deux circonférences par les points où elles sont coupées par cette droite font un angle constant.

12. Lorsque deux circonférences se coupent, si par l'un de leurs points d'intersection C on mène deux droites quelconques, dont la première les coupe aux points A et A', la seconde aux points B et B', les droites AB, A'B', se coupent sous un angle constant.

13. Si par le milieu d'un arc on mène deux sécantes à une circonférence, les deux autres points où elles coupent la circonférence et ceux où elles coupent la corde sont les sommets d'un quadrilatère inscriptible.

14. Si trois points A, B, C, partagent une circonférence en trois parties égales, et qu'on prenne un point quelconque M sur la circonférence, l'une des distances MA, MB, MC, est égale à la somme des deux autres.

15. Si l'on prolonge une corde AB d'un cercle d'une longueur BC égale au rayon AO, et qu'on mène le diamètre COD, l'angle AOD est triple de l'angle ACD.

16. Le triangle ayant pour sommets les pieds des hauteurs d'un triangle, a pour bissectrices de ses angles ces hauteurs elles-mêmes.

17. Les trois hauteurs d'un triangle passent par un même point. (On s'appuiera sur l'exercice 15, livre I, et sur le corollaire, n° 59.)

18. La circonférence circonscrite à un triangle est le lieu des points tels que si l'on abaisse de chacun d'eux une perpendiculaire sur chacun des côtés du triangle, les pieds de ces trois perpendiculaires sont en ligne droite.

19. Le diamètre du cercle inscrit à un triangle rectangle est égal à l'excès de la somme des deux côtés de l'angle droit sur l'hypoténuse.

PROBLÈMES ET LIEUX GÉOMÉTRIQUES.

20. Mener par un point donné une droite qui coupe une droite donnée sous un angle donné.

21. Construire un triangle isocèle, connaissant la base et l'angle opposé.

22. Par un point pris dans un angle mener une sécante, terminée aux deux côtés de l'angle, et dont ce point soit le milieu.

23. Par un point donné, mener une droite telle que la portion comprise entre deux parallèles données soit égale à une longueur donnée.

24. Trouver sur une circonférence le point : 1° le plus rapproché ; 2° le plus éloigné d'un point donné. (On supposera le point donné successivement extérieur et intérieur à la circonférence.)

25. Trouver, sur deux circonférences extérieures l'une à l'autre, les deux points : 1° les plus rapprochés l'un de l'autre ; 2° les plus éloignés l'un de l'autre.

26. Décrire avec un rayon donné une circonférence passant par deux points donnés.

27. Décrire une circonférence qui passe par deux points donnés et qui ait son centre sur une droite donnée ou sur une circonférence donnée.

28. Décrire avec un rayon donné une circonférence qui passe par un point donné et soit tangente à une droite donnée, ou à une circonférence donnée.

29. Décrire avec un rayon donné une circonférence tangente à deux circonférences données : 1° extérieurement; 2° intérieurement; 3° extérieurement à l'une et intérieurement à l'autre. — Discussion.

30. Décrire avec un rayon donné une circonférence tangente à une droite et à une circonférence donnée, extérieurement ou intérieurement.

31. Décrire avec un rayon donné une circonférence tangente à deux droites données.

32. Décrire une circonférence tangente à deux droites données, le point de contact de l'une étant aussi donné.

33. Décrire une circonférence tangente à trois droites données. (Lorsque les trois droites forment un triangle, on trouve quatre circonférences satisfaisant à la question : l'une, intérieure au triangle, s'appelle *inscrite* au triangle; les trois autres, extérieures au triangle, lui sont dites *exinscrites*.

34. Mener par un point donné une droite qui coupe une circonférence sous un angle donné. (On appelle angle d'une droite et d'une circonférence l'angle qu'elle fait avec la tangente au point d'intersection.)

35. Mener par un point donné, ou parallèlement à une droite donnée, une droite qui coupe une droite et un cercle sous le même angle.

36. Décrire une circonférence tangente à une droite et à une circonférence données en un point donné, sur la circonférence ou sur la droite.

37. Trouver le lieu géométrique des milieux des cordes égales tracées dans un cercle.

38. Trouver le lieu des points d'où l'on voit un cercle sous un angle donné.

39. Trouver un point d'où l'on voie deux cercles respectivement sous deux angles donnés.

40. Trouver un point d'où l'on voie respectivement deux droites limitées sous des angles donnés.

41. Trouver un point d'où l'on voie respectivement un cercle et une droite limitée, sous des angles donnés.

42. Trouver un point d'où l'on voie sous le même angle es trois côtés d'un triangle? — Le problème est-il toujours possible?

43. Par les différents points d'une circonférence on mène des droites égales entre elles et parallèles à une direction donnée : lieu géométrique de leurs extrémités.

44. Lieu géométrique des milieux des cordes qui, dans un même cercle, passent par un même point, ou dont les prolongements passent par un même point.

45. Par un point donné, mener à un cercle une sécante telle que la corde interceptée ait une longueur donnée.

46. Par un des points d'intersection de deux circonférences, mener une droite de longueur donnée ayant ses extrémités sur les deux circonférences. — Maximum de la longueur donnée.

47. Étant donnée une corde AB dans un cercle, on mène par le point A une corde quelconque AM, que l'on prolonge d'une longueur MN égale à la distance MB. Quel est le lieu du point N?

48. Construire un triangle, connaissant deux côtés et l'angle opposé à l'un d'eux.

49. Construire un triangle, connaissant le périmètre et les angles.

50. Construire un parallélogramme, connaissant les diagonales et leur angle.

51. Construire un triangle, connaissant un côté, la médiane, et la hauteur correspondante.

52. Construire un triangle, connaissant un côté, la hauteur correspondante et l'angle opposé à ce côté.

53. Construire un triangle, connaissant un côté, la médiane correspondante, et l'un des angles adjacents à ce côté.

54. Construire un triangle, connaissant un côté, la médiane correspondante, et l'angle opposé à ce côté.

55. Construire un triangle, connaissant deux côtés et la médiane issue de leur point de rencontre.

56. Construire un triangle, connaissant les trois médianes.

57. Par un point pris hors d'une circonférence, mener une sécante telle que la corde interceptée soit égale à la partie extérieure de cette sécante.

58. Étant donnés un cercle et deux tangentes à ce cercle, mener à ce même cercle une troisième tangente telle que la partie interceptée entre les deux premières tangentes soit égale à une longueur donnée. (Voy. exercice n° 9.)

59. Construire un triangle, connaissant un côté, l'angle opposé et la somme ou la différence des deux autres côtés.

60. Construire un triangle connaissant un angle, un côté adjacent et la somme ou la différence des deux autres côtés.

61. Construire un triangle connaissant les milieux de ses côtés.

62. Construire un triangle connaissant les pieds de ses hauteurs. (Voy. exercice n° 16.)

63. Construire un trapèze, connaissant les quatre côtés.

64. Tracer une circonférence qui passe à égale distance de quatre points donnés non en ligne droite.

65. Trouver le lieu des centres des cercles inscrits aux triangles inscrits eux-mêmes dans un segment donné.

66. A partir de deux points fixes A et B pris sur une circonférence, on porte deux arcs égaux quelconques AM et BN, soit dans le même sens, soit en sens contraire, et on mène les droites AM, BN : trouver le lieu de leur point d'intersection.

67. Une droite de longueur constante se meut en appuyant ses extrémités sur les deux côtés d'un angle droit : lieu géométrique de son milieu

68. Un triangle rectangle se déplace dans un plan en appuyant les deux extrémités de son hypoténuse sur les deux côtés d'un angle droit : trouver le lieu décrit par le sommet de l'angle droit.

69. Construire un triangle équilatéral dont les sommets soient placés sur trois parallèles données.

70. Mener par un point donné, ou parallèlement à une droite donnée, une droite qui intercepte, avec les deux côtés d'un angle donné de position, un triangle de périmètre donné. (Voy. exercice n° 10.)

71. Étant données deux circonférences O et O′ qui se coupent, on mène par l'un des points d'intersection une sécante qui rencontre la circonférence O en un point B et la circonférence O′ en un point B′. On joint le point B au centre O et le point B′ au centre O′; les deux droites ainsi menées se coupent au point M; on demande le lieu de ce point.

72. Deux circonférences se coupent en deux points: par l'un des points communs, on mène deux droites rectangulaires quelconques qui, prolongées au besoin, coupent la première circonférence aux points A et B, et la seconde aux points A′ et B′; on mène les deux lignes AB et A′B′, et on demande de trouver le lieu de leur point d'intersection.

73. Inscrire à une circonférence un triangle dont les trois côtés soient parallèles à des directions données.

PORCHON. — Géométrie plane.   7

74. Inscrire à un cercle un triangle dont deux côtés soient parallèles à des directions données, et dont le troisième passe par un point donné, ou soit parallèle à une direction donnée.

75. On inscrit dans un cercle donné tous les triangles dont deux côtés sont respectivement parallèles à deux droites fixes données, et l'on demande le lieu des centres des cercles inscrits à ces triangles. — Même question pour les cercles exinscrits.

76. Étant donnés deux points A, B d'un même côté d'une droite XY, trouver sur cette droite un point M tel que l'angle AMX soit double de l'angle BMY.

77. Étant données deux parallèles, un point A hors de ces deux droites, un point D sur la plus voisine du point A, mener par ce point une sécante ABC telle que BC = BD.

78. Décrire trois cercles ayant pour centres trois points donnés et se touchant deux à deux.

79. Mener un cercle de rayon donné coupant sous des angles donnés deux droites, ou deux cercles, ou un cercle et une droite.

LIVRE III

LIGNES PROPORTIONNELLES
SIMILITUDE

CHAPITRE I

LIGNES PROPORTIONNELLES

---

96. — Théorème I. — *Toute droite menée dans un triangle parallèlement à un des côtés, partage les deux autres en parties proportionnelles.*

Soit dans le triangle ABC (fig. 135), la droite DE parallèle au côté BC. Supposons que les longueurs AD, DB aient une commune mesure, contenue par exemple 3 fois dans AD, et 2 fois dans DB. Il en résulte $\dfrac{AD}{DB} = \dfrac{3}{2}$.

Après avoir porté a commune mesure sur AD et DB autant de fois qu'elle y est contenue, menons par les points de division les droites HK, GL, FM parallèles à BC. Nous allons prouver que la droite AC est partagée en parties égales.

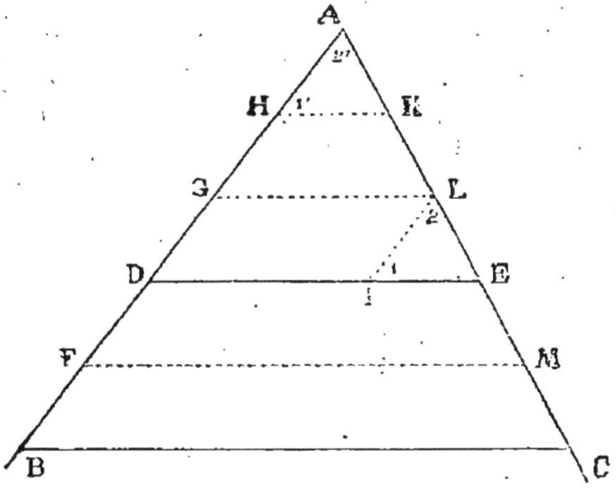

Fig. 135.

En effet, menons LI parallèle à GD : les triangles LIE, AHK sont égaux comme ayant un côté égal adjacent à des

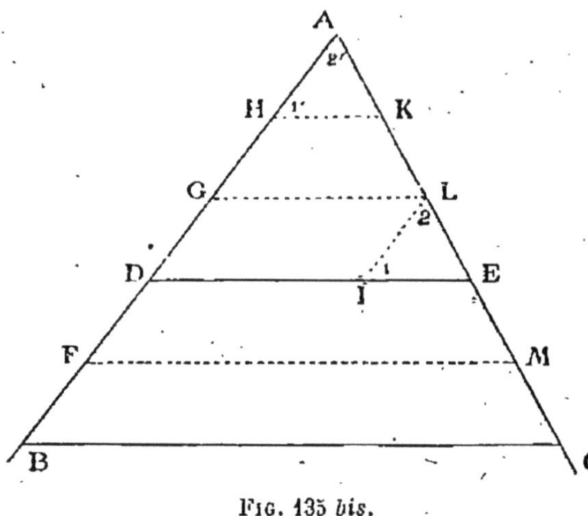

Fig. 135 *bis*.

angles égaux chacun à chacun, savoir : LI égal à GD, côté qui lui est opposé dans un parallélogramme, et par suite égal à AH ; les angles 1 et 1′ égaux comme ayant leurs côtés parallèles et dirigés dans le même sens ; les angles 2 et 2′ égaux comme correspondants par rapport aux parallèles LI, AH, coupées par la sécante AC. Il en résulte LE = AK, ainsi que nous l'avons annoncé.

AE et EC ayant une commune mesure qu'elles contiennent 3 fois et 2 fois respectivement, il s'ensuit $\dfrac{AE}{EC} = \dfrac{3}{2}$, et comme deux rapports égaux à un troisième sont égaux entre eux :

$$\frac{AD}{DB} = \frac{AE}{EC}. \tag{1}$$

Nous admettrons le théorème dans le cas où les longueurs AD, DE, n'ont pas de commune mesure.

Corollaire I. — Dans la proportion (1) ajoutons à chaque dénominateur le numérateur correspondant † ; il vient :

$$\frac{AD}{AD + DB} = \frac{AE}{AE + EC},$$

ou

$$\frac{AD}{AB} = \frac{AE}{AC}. \tag{2}$$

† Voy. *Éléments d'arithmétique*, n°s 237 et 238.

Corollaire II. — Dans la même proportion (1), ajoutons à chaque numérateur le dénominateur correspondant :

$$\frac{AD + DB}{DB} = \frac{AE + EC}{EC},$$

ou, en renversant les rapports pour plus d'analogie :

$$\frac{DB}{AB} = \frac{EC}{AC}. \tag{3}$$

Corollaire III. — *Réciproquement, si une droite partage deux côtés d'un triangle en parties proportionnelles, elle est parallèle au troisième côté.*

Soit, dans le triangle ABC (fig. 136), la droite DE menée de telle sorte que l'on ait $\dfrac{AD}{DB} = \dfrac{AE}{EC}$. Menons par le point D la parallèle à BC, et supposons qu'elle coupe AC en E'. D'après le théorème précédent, $\dfrac{AD}{DB} = \dfrac{AE'}{E'C}$. Mais de cette proportion et de la précédente, résulte :

$$\frac{AE}{EC} = \frac{AE'}{E'C}.$$

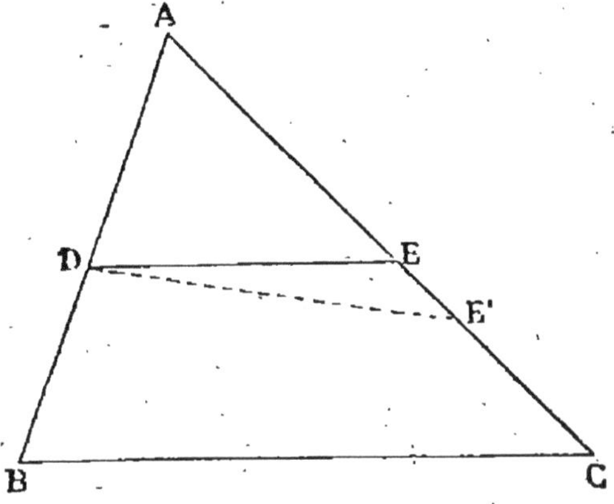

Fig. 136.

Ajoutons à chaque numérateur le dénominateur correspondant :

$$\frac{AE + EC}{EC} = \frac{AE' + E'C}{E'C},$$

ou

$$\frac{AC}{EC} = \frac{AC}{E'C}.$$

De là résulte EC = E'C. Donc DE' se confond avec DE, et cette dernière droite est parallèle à BC.

Remarque I. —Le raisonnement précédent établit qu'*il n'existe qu'un seul point qui partage une droite dans un rapport donné.* Par exemple le point E est le seul point qui partage la droite AC dans un rapport égal à $\dfrac{AD}{DB}$.

Remarque II. — On prouve d'une façon semblable les réciproques des corollaires I et II, exprimés par les proportions (2) et (3).

97. — **Théorème II**. — *Des parallèles interceptent sur deux droites des longueurs proportionnelles.*

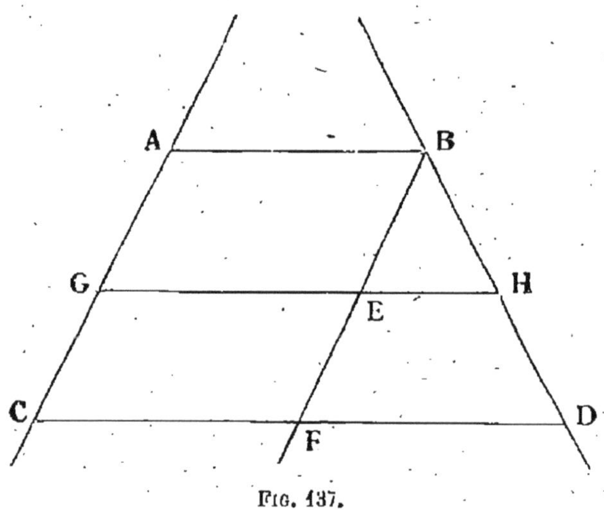

Fig. 137.

Soient les trois parallèles AB, GH, CD, coupant deux droites AC, BD (fig. 137). Menons BEF parallèle à AC. D'après le théorème I, on a :

$$\frac{BE}{EF} = \frac{BH}{HD},$$

ou, en remplaçant BE, EF par leurs égales AG, GC :

$$\frac{AG}{GC} = \frac{BH}{HD}.$$

98. — Problème I. — *Partager une droite en parties proportionnelles à des longueurs données.*

Soit la droite AB (fig. 138) à partager en parties proportionnelles aux longueurs *m, n, p, q.* Je mène par le point A une droite quelconque sur laquelle je porte consécutive-

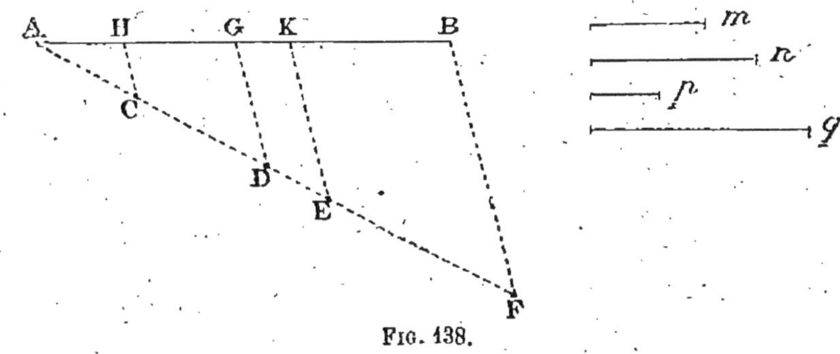

Fig. 138.

ment les longueurs AC = *m*, CD = *n*, DE = *p*, EF = *q*; je mène la droite FB, puis, par les points C, D, E, les droites CH, DG, EK, parallèles à FB. La droite AB est partagée en H, G, K de la manière demandée, d'après le théorème précédent.

99. — Problème II. — *Partager une droite en un certain nombre de parties égales.*

Ce problème n'est qu'un cas particulier du précédent.

Soit la droite AB (fig. 139) à partager en 5 parties égales, par exemple. Je mène par le point A une droite quelconque, sur laquelle je porte à partir du point A, 5 longueurs consécutives égales entre elles, et du reste arbitraires. Je joins le point B à l'extrémité G de la dernière, et par les autres points de division je mène des parallèles à GB. La droite AB est partagée en

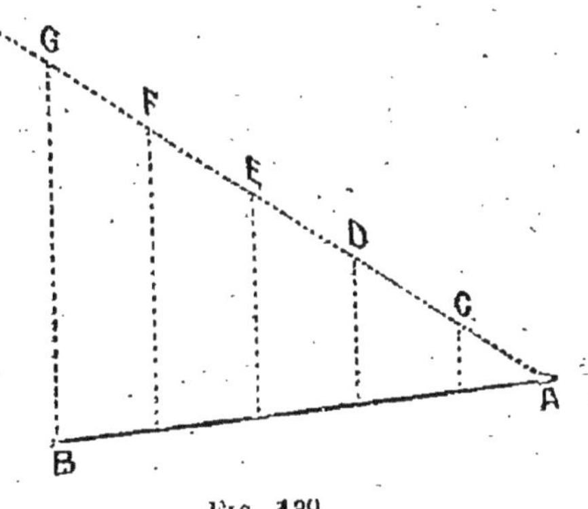

Fig. 139.

5 parties proportionnelles à 5 longueurs égales, et par conséquent en 5 parties égales.

100. — **Problème III.** — *Construire la quatrième proportionnelle à trois droites données.*

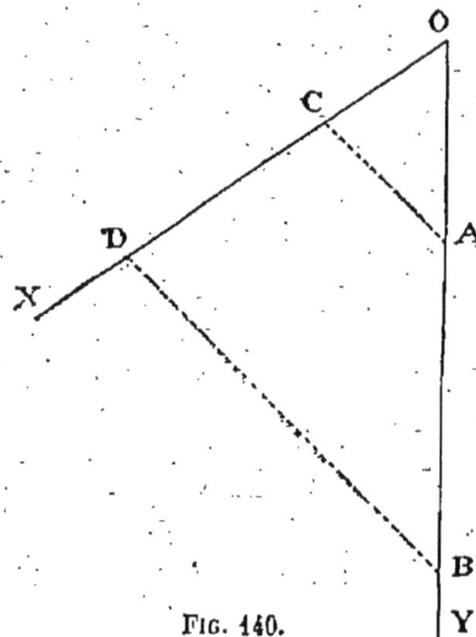

FIG. 140.

Les trois lignes données étant désignées par a, b, c (fig. 140), on en cherche une quatrième x satisfaisant à la proportion :

$$\frac{a}{b} = \frac{c}{x}. \qquad (1)$$

A cet effet, traçons un angle quelconque XOY; prenons sur OY les longueurs consécutives $OA = a$, $AB = b$, et sur OX, $OC = c$. Menons la droite AC, et par le point B, BD parallèle à AC. La longueur CD est la quatrième proportionnelle demandée. Car, d'après le théorème I,

$$\frac{OA}{AB} = \frac{OC}{CD},$$

ou

$$\frac{a}{b} = \frac{c}{CD}.$$

REMARQUE. — On tire de la proportion (1) :

$$ax = bc, \qquad (2)$$

et par suite

$$x = \frac{bc}{a}. \qquad (3)$$

La construction précédente permet donc d'obtenir une longueur x satisfaisant à l'une des relations équivalentes (1), (2), (3).

*CHAPITRE II

BISSECTRICE D'UN ANGLE D'UN TRIANGLE

---

101. — Définition. — Lorsqu'un point M est pris sur une droite AB, ses distances MA, MB, aux deux extrémités de la droite sont dites les deux *segments* déterminés par ce point sur la droite.

Il en est ainsi que le point soit situé entre les deux extrémités de la droite AB, comme le point M (fig. 140 *bis*), ou sur le prolongement de la droite, comme le point M′.

Dans le premier cas, les deux segments MA, MB, sont dits

$$\underset{\text{A}}{\rule{0pt}{0pt}} \qquad \underset{\text{M}}{\rule{0pt}{0pt}} \qquad \underset{\text{B}}{\rule{0pt}{0pt}} \qquad \underset{\text{M′}}{\rule{0pt}{0pt}}$$

Fig. 140 bis.

additifs, parce que leur somme forme la droite AB ; dans le second cas, les deux segments M′A, M′B, sont dits *soustractifs*, parce que la droite AB est leur différence.

102. — Théorème I. — *La bissectrice d'un angle intérieur d'un triangle, détermine sur le côté opposé deux segments additifs proportionnels aux deux autres côtés.*

Soit le triangle ABC et AD la bissectrice de l'angle intérieur A (fig. 141). Nous voulons démontrer la proportion :

$$\frac{DB}{DC} = \frac{AB}{AC}.$$

Menons la droite CE parallèle à DA, jusqu'à la rencontre de BA prolongée, en E. Les angles 1 et 1′ sont égaux comme correspondants par rapport aux parallèles AD, EC, coupées par la sécante BE; les angles 2 et 2′ sont égaux comme alternes-internes par rapport aux mêmes

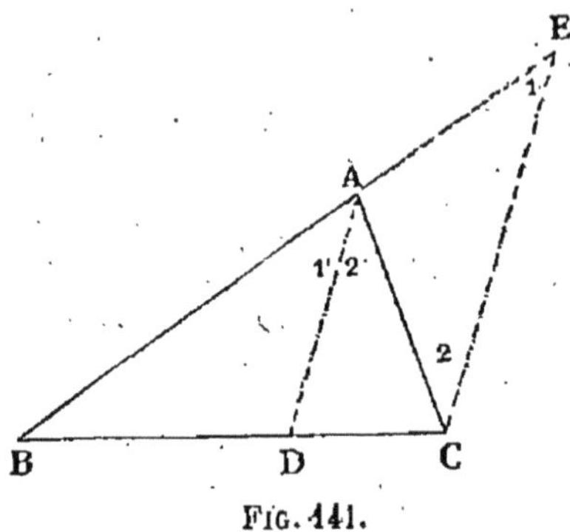

FIG. 141.

parallèles coupées par la sécante AC. Donc, dans le triangle ACE, les angles 1 et 2, égaux aux deux moitiés 1′ et 2′ de l'angle BAC, sont égaux entre eux, et le triangle est isocèle : c'est-à-dire que AC = AE. Mais dans le triangle BCE, DA étant parallèle à CE, il en résulte (théor. 1, n° 96) :

$$\frac{DB}{DC} = \frac{AB}{AE},$$

ou, en remplaçant AE par son égale AC :

$$\frac{DB}{DC} = \frac{AB}{AC},$$

ce qu'il fallait démontrer.

103. — **Théorème II.** — *La bissectrice d'un angle extérieur d'un triangle détermine sur le côté opposé deux segments soustractifs proportionnels aux deux autres côtés.*

Soit le triangle ABC et AD′ la bissectrice de l'angle extérieur en A (fig. 142). Nous voulons démontrer la proportion :

$$\frac{D'B}{D'C} = \frac{AB}{AC}.$$

Menons CE′ parallèle à D′A. Les angles 1 et 1′ sont égaux comme correspondants par rapport aux parallèles AD′, E′C coupées par la sécante AB; les angles 2 et 2′ sont égaux

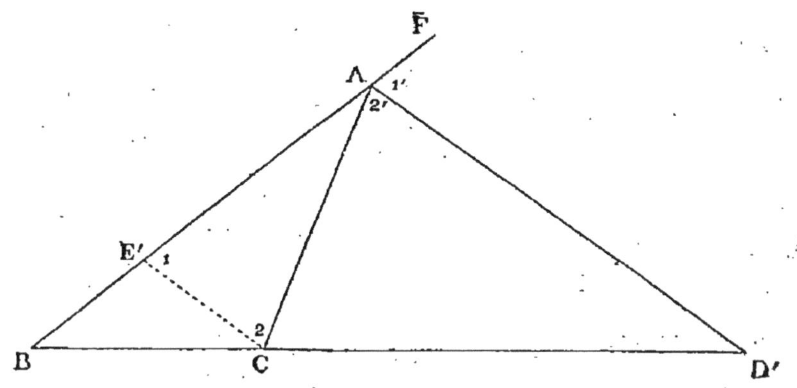

Fig. 142.

comme alternes-internes par rapport aux mêmes parallèles coupées par la sécante AC. Donc, dans le triangle ACE′, les angles 1 et 2, égaux aux deux moitiés de l'angle extérieur CAF, sont égaux entre eux, et le triangle ACE′ est isocèle : c'est-à-dire que AC = AE′. Mais, dans le triangle BAD′, E′C et AD′ étant parallèles, il en résulte (corollaire II, n° 96) :

$$\frac{D'B}{D'C} = \frac{AB}{AE'},$$

ou, en remplaçant AE′ par son égale AC :

$$\frac{D'B}{D'C} = \frac{AB}{AC};$$

ce qu'il fallait démontrer.

CorollairE. — Réciproquement, *si un point détermine sur un côté d'un triangle deux segments, additifs ou soustractifs, proportionnels aux deux autres côtés, il est sur la bissectrice de l'angle intérieur ou de l'angle extérieur opposé.*

1° Soit le point D, déterminant sur le côté BC du triangle

ABC (fig. 143) deux segments additifs satisfaisant à la proportion

$$\frac{DB}{DC} = \frac{AB}{AC}.$$

Traçons la bissectrice AD_1 de l'angle en A. D'après le théorème I,

$$\frac{D_1B}{D_1C} = \frac{AB}{AC}.$$

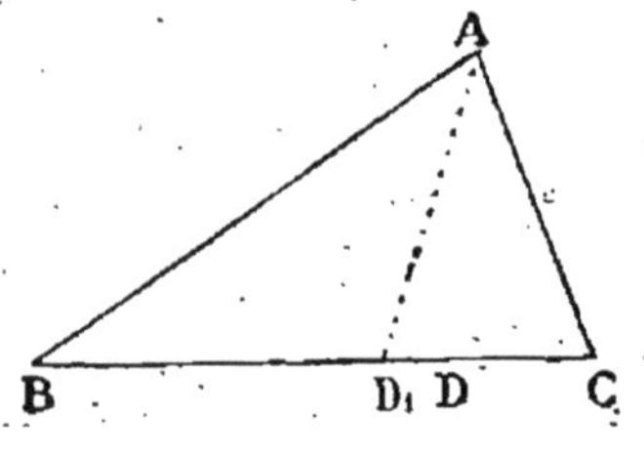

Fig. 143.

Les deux rapports $\dfrac{DB}{DC}$, $\dfrac{D_1B}{D_1C}$, égaux à un troisième $\dfrac{AB}{AC}$, sont égaux entre eux :

$$\frac{DB}{DC} = \frac{D_1B}{D_1C}.$$

Ajoutons à chaque numérateur de cette proportion le dénominateur correspondant :

$$\frac{DB + DC}{DC} = \frac{D_1B + D_1C}{D_1C},$$

ou

$$\frac{BC}{DC} = \frac{BC}{D_1C}.$$

Ces deux rapports égaux ayant même numérateur, les dénominateurs sont aussi égaux, $DC = D_1C$, et le point D coïncide avec le point D_1; il est donc sur la bissectrice de l'angle BAC.

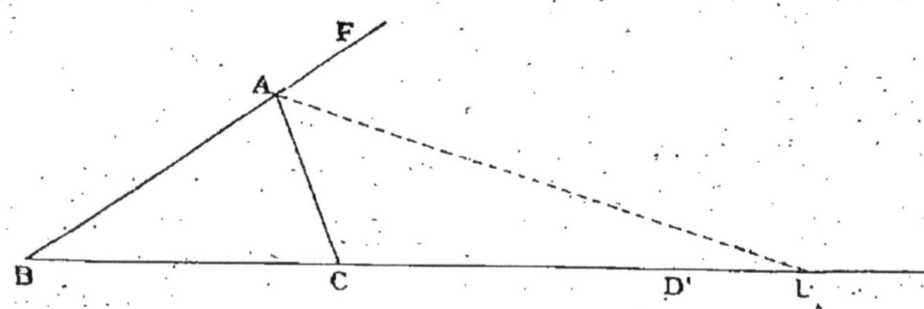

Fig. 144.

2° Soit le point D' (fig. 144) déterminant sur le côté BC

du triangle ABC deux segments soustractifs satisfaisant à la proportion

$$\frac{D'B}{D'C} = \frac{AB}{AC}.$$

Traçons la bissectrice AD_1' de l'angle extérieur CAF. D'après le théorème II,

$$\frac{D_1'B}{D_1'C} = \frac{AB}{AC}.$$

Les deux rapports $\dfrac{D'B}{D'C}$, $\dfrac{D_1'B}{D_1'C}$, égaux à un troisième $\dfrac{AB}{AC}$, sont égaux entre eux :

$$\frac{D'B}{D'C} = \frac{D_1'B}{D_1'C}.$$

Retranchons de chaque numérateur le dénominateur correspondant :

$$\frac{D'B - D'C}{D'C} = \frac{D_1'B - D_1'C}{D_1'C},$$

ou

$$\frac{BC}{D'C} = \frac{BC}{D_1'C}.$$

On en conclut, comme précédemment, que le point D coïncide avec le point D_1' et est sur la bissectrice de l'angle CAF.

REMARQUE. — Les deux raisonnements que nous venons de faire prouvent qu'il n'y a que deux points déterminant chacun sur une droite deux segments proportionnels à deux longueurs données : l'un est sur la droite elle-même et forme des segments additifs, l'autre sur son prolongement, et donne lieu à des segments soustractifs.

104. — Problème. — *Trouver le lieu des points dont les distances à deux points donnés A et B sont proportionnelles à deux longueurs données a et b.*

Soit M un point du lieu (fig. 145), c'est-à-dire satisfaisant à la condition

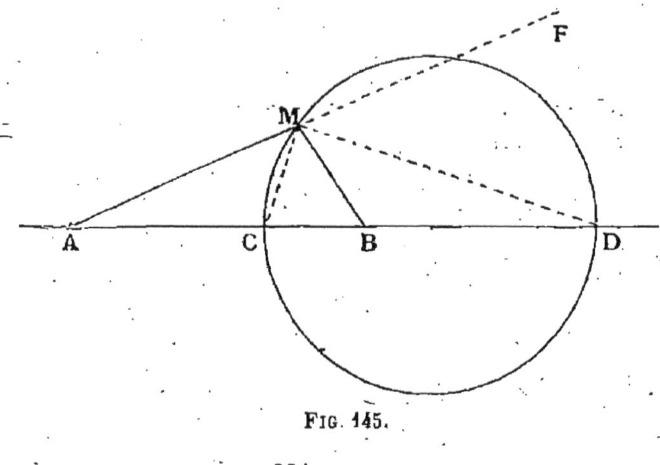

Fig. 145.

$$\frac{MA}{MB} = \frac{a}{b}.$$

Formons le triangle MAB, et traçons les bissectrices MC, MD, de l'angle intérieur et de l'angle extérieur en M.

D'après les théorèmes I et II,

$$\frac{CA}{CB} = \frac{MA}{MB} = \frac{a}{b},$$

$$\frac{DA}{DB} = \frac{MA}{MB} = \frac{a}{b}.$$

Ainsi les points C et D (fig. 145) sont deux points fixes, déterminant sur la droite AB des segments, additifs pour le premier, soustractifs pour le second, proportionnels à a et à b. Mais les deux angles AMB, BMF, ayant pour somme deux droits, la somme de leurs moitiés CMB, DMB, c'est-à-dire l'angle CMD, vaut un angle droit. Donc la circonférence décrite sur CD comme diamètre passe par le point M, c'est-à-dire par tout point satisfaisant à la condition du problème.

D'ailleurs, tout point dont les distances aux points A et B sont dans un rapport différent de $\frac{a}{b}$, est intérieur ou extérieur à cette circonférence.

Soit, en effet, un point M′ (fig. 146), tel que $\dfrac{M'A}{M'B} > \dfrac{a}{b}$ (nous supposons, pour fixer les idées, $a > b$). Formons le triangle M′AB, et traçons la bissectrice M′C′ de l'angle AM′B. On a :

$$\frac{M'A}{M'B} = \frac{C'A}{C'B},$$

d'où

$$\frac{C'A}{C'B} > \frac{a}{b},$$

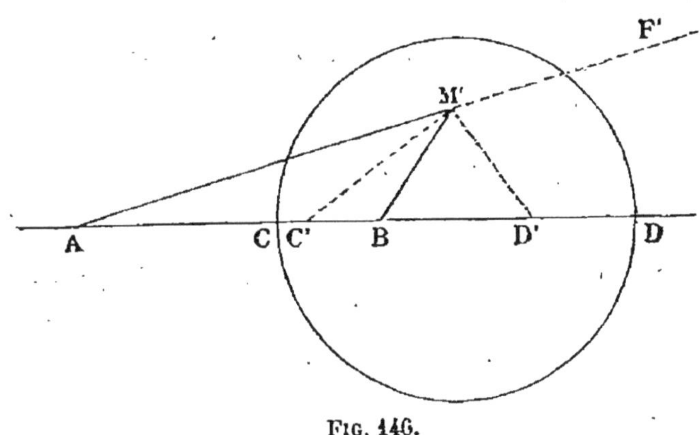

Fig, 146.

et, comme $\dfrac{CA}{CB} = \dfrac{a}{b}$,

$$\frac{C'A}{C'B} > \frac{CA}{CB}.$$

Ajoutons l'unité à chacun de ces rapports,

$$\frac{C'A + C'B}{C'B} > \frac{CA + CB}{CB},$$

ou

$$\frac{AB}{C'B} > \frac{AB}{CB},$$

d'où l'on conclut :

$$C'B < CB.$$

Menons maintenant la bissectrice M'D' de l'angle BM'F' extérieur au triangle. On trouve de même :

$$\frac{D'A}{D'B} > \frac{DA}{DB},$$

et, en retranchant l'unité à chaque rapport :

$$\frac{D'A - D'B}{D'B} > \frac{DA - DB}{DB},$$

ou

$$\frac{AB}{D'B} > \frac{AB}{DB}.$$

On en conclut :

$$D'B < DB.$$

Ainsi les points C' et D' sont tous deux entre C et D, et la circonférence décrite sur C'D' comme diamètre est intérieure à celle qui est décrite sur CD. Mais la première passe par le point M', sommet de l'angle droit C'M'D'. Ainsi le point M' est intérieur à la circonférence décrite sur CD comme diamètre.

On voit de même que si $\frac{M'A}{M'B}$ est supposé plus petit que $\frac{a}{b}$, le point M' est extérieur à cette même circonférence.

En résumé, tout point qui satisfait à la condition $\frac{MA}{MB} = \frac{a}{b}$ est sur cette circonférence, et tout point qui n'y satisfait pas n'est pas sur la circonférence. Les réciproques de ces deux propositions contraires sont vraies, et la circonférence décrite sur CD comme diamètre est le lieu demandé.

———

CHAPITRE III

SIMILITUDE

De la similitude.

105. — **Définition**. — *Deux polygones sont* SEMBLABLES *lorsqu'ils ont leurs angles égaux chacun à chacun et leurs côtés proportionnels.*

Les sommets des angles égaux sont dits HOMOLOGUES, et les côtés adjacents à deux angles homologues sont également homologues.

Le rapport de deux côtés homologues s'appelle le RAPPORT DE SIMILITUDE.

Ainsi les polygones ABCDE, A'B'C'D'E' (fig. 147), sont

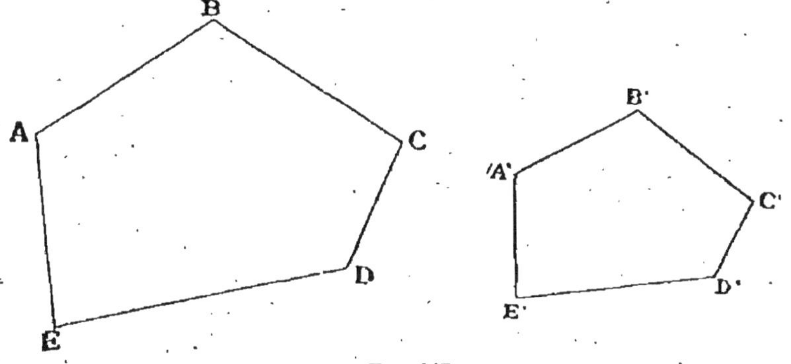

FIG 147.

semblables si les angles A et A' sont égaux, ainsi que les angles B et B', C et C', etc., et si de plus on a :

$$\frac{AB}{A'B'} = \frac{BC}{B'C'} = \frac{CD}{C'D} = \frac{DE}{D'E'} = \frac{EA}{E'A'} .$$

Les côtés AB et A′B′ sont homologues, ainsi que BC et B′C′, etc. Chacun des rapports égaux que l'on vient d'écrire est le rapport de similitude des deux polygones.

Lorsque le rapport de similitude est égal à l'unité, ou, en d'autres termes, lorsque les côtés homologues sont égaux, les deux polygones semblables deviennent égaux. Ainsi l'égalité est un cas particulier de la similitude.

Similitude des triangles.

106. — **Théorème I.** — *Toute parallèle à un côté d'un triangle, détermine un second triangle semblable au premier.*

Soit la droite B′C′ parallèle au côté BC dans le triangle

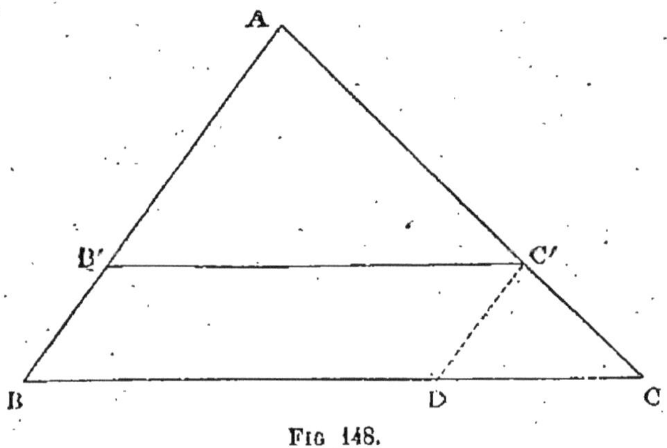

Fig. 148.

ABC (fig. 148). Il s'agit de prouver que les triangles ABC, A′B′C′ sont semblables.

D'abord ils ont leurs angles égaux, savoir : l'angle A commun, les angles en B et B′ égaux comme correspondants par rapport aux parallèles BC, B′C′ coupées par la sécante AB, les angles en C et en C′ égaux par une raison semblable.

Quant aux côtés, on a (coroll. I, n⁰ 95) :

$$\frac{AB}{AB'} = \frac{AC}{AC'}.$$

Menons C′D parallèle à AB. D'après le corollaire II (n° 95)

$$\frac{AC}{AC'} = \frac{BC}{BD},$$

ou, en remplaçant la droite BD par B′C′, puisque ces deux droites sont égales comme côtés opposés d'un parallélogramme,

$$\frac{AC}{AC'} = \frac{BC}{B'C'}.$$

Ainsi les deux triangles ont leurs angles égaux et leurs côtés proportionnels, ce qu'il fallait démontrer.

107. — **Théorème II.** — *Deux triangles sont semblables lorsqu'ils ont deux angles égaux chacun à chacun.*

Soient les deux triangles ABC, A′B′C′ (fig. 149), ayant A = A′, B = B′.

Portons sur le côté AB la longueur AB″ égale à A′B′, et

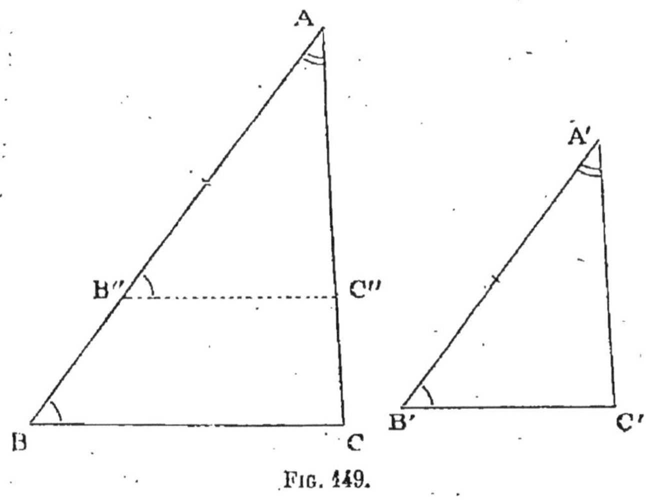

Fig. 149.

menons B″C″ parallèle à BC. Lé triangle AB″C″ est semblable à ABC d'après le théorème précédent; il suffit donc de prouver que les triangles AB″C″, A′B′C′ sont égaux. Or cela résulte du premier cas d'égalité des triangles (théor. III, n° 20), puisqu'ils ont un côté égal adjacent à deux angles égaux chacun à chacun, savoir : le côté AB″ égal à A′B′ par construction, les angles A et A′ égaux par hypothèse, et les angles en B″ et B′ égaux entre eux comme égaux tous deux à l'angle B (l'un d'après la théorie des parallèles, l'autre par hypothèse). Le théorème est donc démontré.

108. — **Théorème III**. — *Deux triangles sont semblables lorsqu'ils ont un angle égal compris entre côtés proportionnels.*

Soient les deux triangles ABC, A′B′C′ (fig. 150), dans lesquels A = A′, et

$$\frac{AB}{A'B'} = \frac{AC}{A'C'}.\qquad(1)$$

Portons sur le côté AB la longueur AB″ égale à A′B′ et menons B″C″ parallèle à BC. Le triangle AB″C″ est sem-

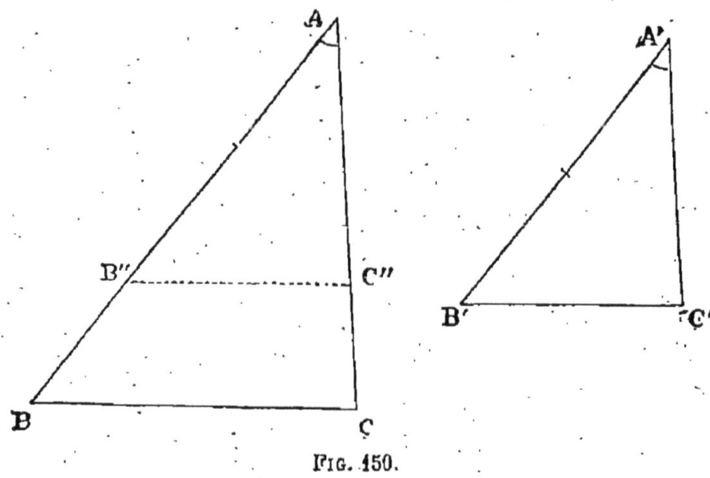

Fig. 150.

blable à ABC (théor. I); il suffit donc de prouver que les triangles AB″C″, A′B′C′ sont égaux.

Or la similitude des triangles ABC, AB″C″ donne la proportion :

$$\frac{AB}{AB''} = \frac{AC}{AC''}\qquad(2)$$

Les proportions (1) et (2), ayant leurs trois premiers termes égaux chacun à chacun, ont aussi le quatrième égal, $AC'' = A'C'$. Les triangles $AB''C''$, $A'B'C'$ sont donc égaux d'après le deuxième cas d'égalité des triangles (théor. IV, n° 21), puisqu'ils ont les angles A et A' égaux et compris entre côtés égaux chacun à chacun. Le théorème est donc démontré.

109. — **Théorème IV.** — *Deux triangles sont semblables lorsqu'ils ont leurs trois côtés proportionnels.*

Soient les triangles ABC, A'B'C' (fig. 151), dans lesquels on suppose :

$$\frac{AB}{A'B'} = \frac{AC}{A'C'} = \frac{BC}{B'C'} . \tag{1}$$

Prenons encore $AB'' = A'B'$ et menons B''C'' parallèle à

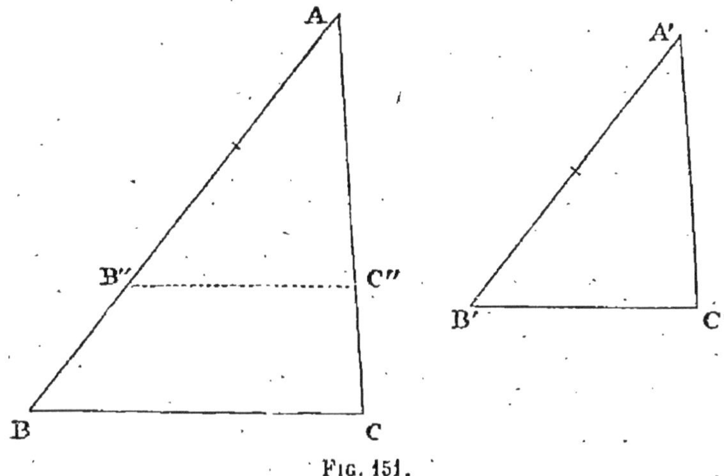

Fig. 151.

BC. Le triangle $AB''C''$ est semblable à ABC (théor. I); il suffit donc de prouver que les triangles $AB''C''$, A'B'C' sont égaux.

Or la similitude des triangles ABC, $AB''C''$ donne la double égalité :

$$\frac{AB}{AB''} = \frac{AC}{AC''} = \frac{BC}{B''C''} . \tag{2}$$

Comparons les deux suites de rapports égaux (1) et (2). Le premier de chaque suite est commun, puisque $AB'' = A'B'$. Donc tous ces rapports sont égaux, et puisqu'ils ont deux à deux même numérateur, leurs dénominateurs sont aussi égaux deux à deux, savoir : $AC'' = A'C'$, $B''C'' = B'C'$. Les triangles $AB''C''$, $A'B'C'$, ayant en conséquence leurs trois côtés égaux chacun à chacun, sont égaux d'après le troisième cas d'égalité des triangles (théor. VI, n° 23), et le théorème est démontré.

Remarque. — Nous venons de démontrer trois cas de similitude des triangles, analogues aux trois cas d'égalité.

Pour que deux triangles soient égaux, il faut, ainsi qu'on l'a vu, trois conditions, parmi lesquelles l'égalité d'un côté au moins ; pour qu'ils soient semblables, il ne faut que deux conditions. Car dans chacun des théorèmes II, III, IV, l'hypothèse consiste en deux égalités.

Si l'on suppose que le rapport de deux côtés homologues soit égal à l'unité, les cas de similitude précédents se confondent avec les cas d'égalité.

110. — Théorème V. — *Deux triangles sont semblables lorsqu'ils ont leurs côtés parallèles chacun à chacun, ou perpendiculaires chacun à chacun.*

Désignons par A, B, C, les angles du premier, par A', B', C', ceux du second. Deux angles qui ont leurs côtés parallèles ou perpendiculaires chacun à chacun étant égaux ou supplémentaires, l'un des systèmes de relations suivantes doit exister entre les angles des triangles :

1° $A + A' = 2$ droits, $\quad B + B' = 2$ droits, $\quad C + C' = 2$ droits.

2° $A = A'$, $\qquad\qquad B + B' = 2$ droits, $\quad C + C' = 2$ droits.

3° $A = A'$, $\qquad\qquad B = B'$, $\qquad$ d'où $C = C'$.

Mais les systèmes 1° et 2° sont impossibles, puisque la somme des angles réunis des deux triangles surpasserait 4 droits. Donc le troisième système est seul possible, et les triangles sont semblables (théor. II).

111. — **Théorème VI.** — *Des droites issues d'un même point interceptent sur deux parallèles des longueurs proportionnelles, et réciproquement.*

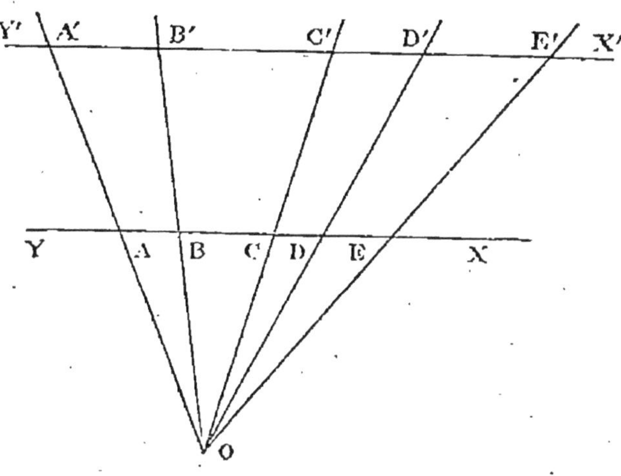

FIG 152.

1° Soient OAA', OBB', OCC', etc., coupant les parallèles XY, X'Y' aux points A, A', B, B', C, C', etc. Il s'agit d'établir la suite d'égalités :

$$\frac{AB}{A'B'} = \frac{BC}{B'C'} = \frac{CD}{C'D'} = \frac{DE}{D'E'} \cdot$$

Le point O peut être en dehors des parallèles (fig. 152) ou entre les parallèles (fig. 152 *bis*); le raisonnement est le même dans les deux cas.

Les triangles OAB, OA'B' étant semblables comme équiangles, il en résulte la proportion :

$$\frac{AB}{A'B'} = \frac{OB}{OB'};$$

de même les triangles OBC, OB'C' étant semblables,

$$\frac{BC}{B'C'} = \frac{OB}{OB'} \cdot$$

Mais deux rapports égaux à un troisième sont égaux entre eux ; donc :

$$\frac{AB}{A'B'} = \frac{BC}{B'C'}.$$

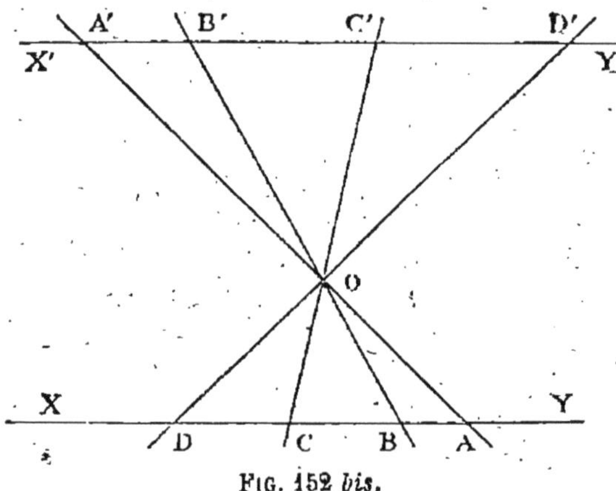

FIG. 152 *bis*.

On prouve de même toute la suite des égalités.

2° Supposons que trois points A, B, C, soient pris sur une droite XY, et trois points A', B', C', sur une droite X'Y' parallèle à la première, de telle sorte que

$$\frac{AB}{A'B'} = \frac{BC}{B'C'}$$

(fig. 152 et 152 *bis*). Je dis que les droites A'A, B'B, C'C passent par un même point. Soit O le point où se rencontrent les deux premières ; menons OC : cette droite prolongée rencontre X'Y' en un point C_1' tel que l'on ait :

$$\frac{AB}{A'B'} = \frac{BC}{B'C_1'}.$$

Cette proportion et la précédente ayant leurs trois premiers termes égaux, ont aussi le quatrième égal ; ainsi C_1' coïncide avec C', et les points O, C, C' sont en ligne droite.

REMARQUE. — Ce théorème donne une nouvelle manière

de partager une droite en parties proportionnelles à des longueurs données, problème déjà résolu (n° 98).

Soit AE (fig. 153) une droite à partager en parties propor-

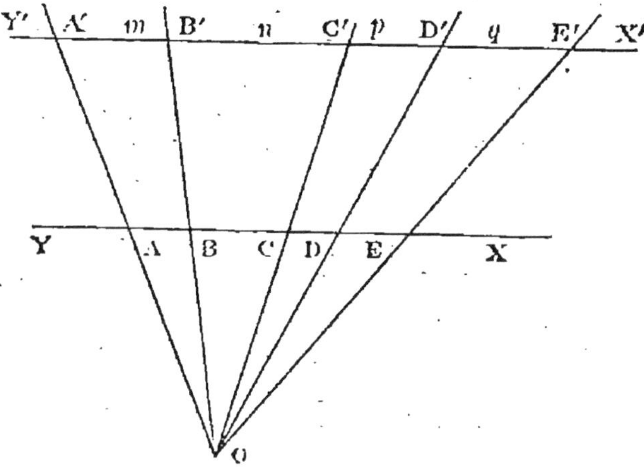

FIG. 153.

tionnelles à des longueurs données m, n, p, q. On trace une droite X'Y' parallèle à AB, et l'on porte sur X'Y' les longueurs consécutives A'B'$=m$, B'C'$=n$, C'D'$=p$, D'E'$=q$. On trace les droites A'A, E'E, qui se coupent en O, puis les droites OB', OC', OD', elles partagent AE de la manière demandée aux points B, C, D.

Si l'on veut partager AE en parties égales, problème déjà résolu (n° 98), il suffit de prendre les longueurs m, n, p, q, égales entre elles, et du reste arbitraires.

Similitude des polygones.

112. — **Théorème I.** — *Le rapport des périmètres de deux polygones semblables est égal au rapport de similitude.* (On appelle PÉRIMÈTRE d'un polygone la somme de ses côtés.)

Soient deux polygones semblables ABCDE, A'B'C'D'E' (fig. 154). Par hypothèse

$$\frac{AB}{A'B'} = \frac{BC}{B'C'} = \frac{CD}{C'D'} = \frac{DE}{D'E'} = \frac{EA}{E'A'}.$$

En appliquant un théorème connu (1) sur les rapports égaux, on trouve immédiatement :

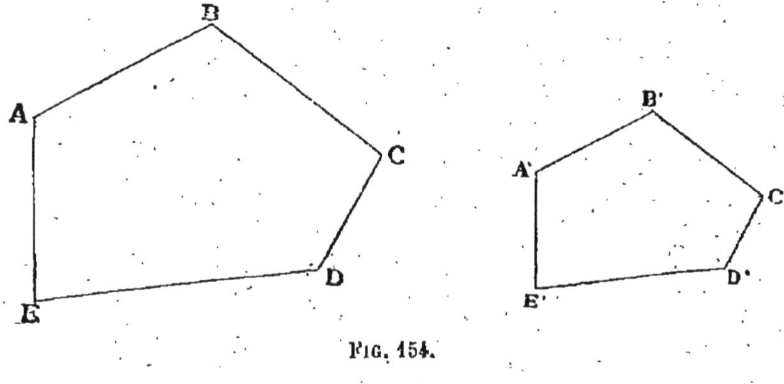

Fig. 154.

$$\frac{AB + BC + CD + DE + EA}{A'B' + B'C' + C'D' + D'E' + E'A'} = \frac{AB}{A'B'},$$

ce qu'il fallait démontrer.

113. — Théorème II. — *Deux polygones semblables peuvent se décomposer en un même nombre de triangles semblables chacun à chacun.*

Soient deux polygones semblables ABCDE, A'B'C'D'E' (fig. 155). Prenons dans le premier un point quelconque O, et joignons-le par des droites à tous les sommets. Traçons dans le second les droites A'O', B'O', faisant avec A'B' les angles B'A'O', A'B'O' égaux respectivement à BAO, ABO, et joignons leur point de rencontre O' à tous les sommets du second polygone. Il s'agit de prouver que les deux polygones sont décomposés en triangles semblables.

D'abord les triangles OAB, O'A'B' sont semblables comme ayant deux angles égaux par construction. Considérons ensuite les triangles OBC, O'B'C'.

$$\text{Angle } ABC = \text{angle } A'B'C'$$

comme appartenant à des polygones semblables.

(1) Voy. *Éléments d'arithmétique*, n° 239, ou *Éléments d'algèbre*, n° 84.

Angle ABO $=$ angle A'B'O'

par construction. Retranchant ces deux égalités membre à membre :

Angle ABC — angle ABO $=$ angle A'B'C' — angle A'B'O',

ou

Angle OBC $=$ angle O'B'C'.

Les deux triangles ont donc un angle égal. De plus cet

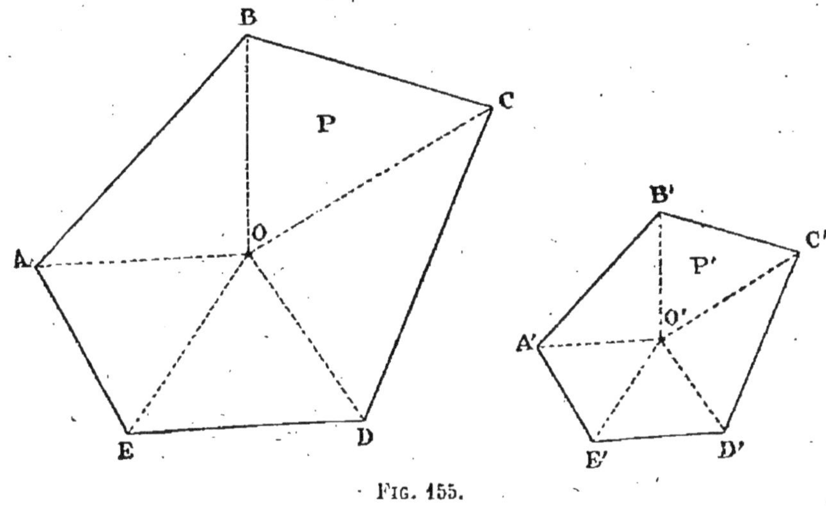

Fig. 155.

angle est compris entre côtés proportionnels. Car d'après la similitude des triangles OAB, O'A'B', le rapport $\dfrac{OB}{O'B'}$ est égal à $\dfrac{AB}{A'B'}$, rapport de similitude des polygones, et par suite à $\dfrac{BC}{B'C'}$. Donc les triangles OBC, O'B'C', sont semblables (théor. III, n° 108).

On prouve de même successivement la similitude des autres triangles.

REMARQUE. — Les points O et O' s'appellent PÔLES DE SIMILITUDE.

Deux polygones semblables ont une infinité de pôles de similitude. Car le point O étant pris arbitrairement dans l'un, nous venons d'indiquer la construction du pôle O' homologue dans l'autre.

On peut prendre pour pôles de similitude deux sommets A, A' : alors pour décomposer les deux polygones en

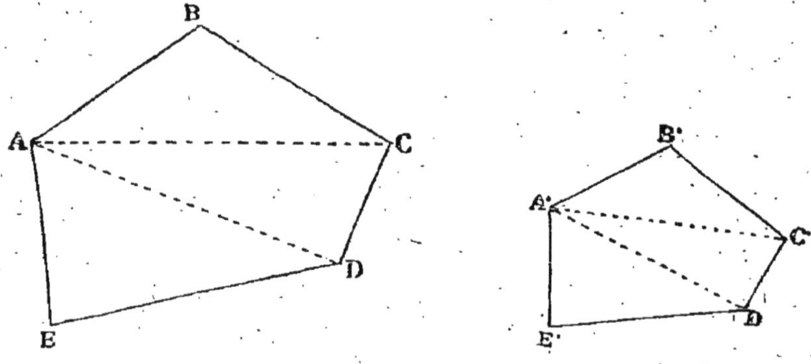

Fig. 156.

triangles semblables, il suffit de mener toutes les diagonales issues des sommets A et A' (fig. 156). La démonstration est la même.

114. — Théorème III. — *Réciproquement, deux po-*

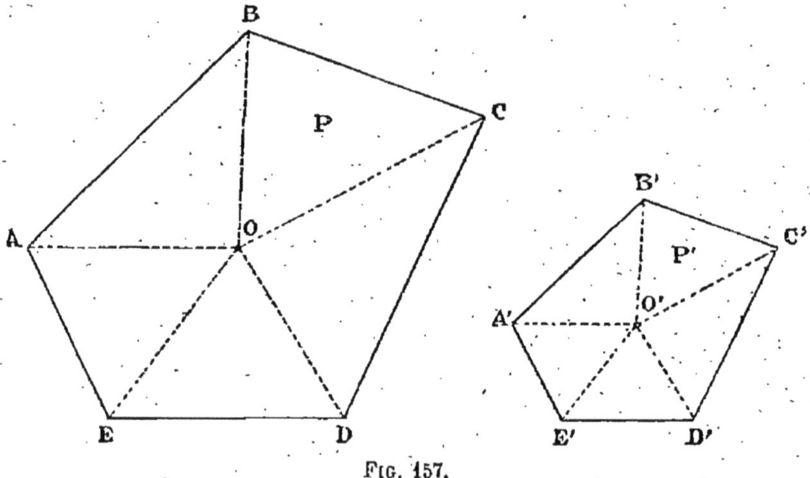

Fig. 157.

lygones formés d'un même nombre de triangles semblables

chacun à chacun et disposés de même, sont semblables.

Soient les deux polygones ABCDE, A'B'C'D'E' (fig. 157), formés de triangles semblables. D'abord leurs angles sont égaux comme sommes d'angles égaux, par suite de la similitude des triangles.

Prouvons que leurs côtés sont proportionnels. D'après la similitude des triangles OAB, O'A'B',

$$\frac{AB}{A'B'} = \frac{OB}{O'B'} \cdot$$

De même, d'après celle des triangles OBC, O'B'C',

$$\frac{BC}{B'C'} = \frac{OB}{O'B'},$$

d'où, à cause du rapport $\frac{OB}{O'B'}$ commun à ces deux proportions,

$$\frac{AB}{A'B'} = \frac{BC}{B'C'} \cdot$$

Le théorème est donc démontré.

115. — **Problème.** — *Construire sur une droite donnée un polygone semblable à un polygone donné.*

Soit à faire un polygone semblable à ABCDE (fig. 156), en prenant la droite donnée A'B' comme côté homologue de AB. Faisons les angles A'B'C', B'A'C' respectivement égaux à ABC, BAC. Le triangle A'B'C' ainsi déterminé est semblable à ABC (théor. II, n° 107). Faisons de même sur A'C' le triangle A'C'D' semblable à ACD, et sur A'D' le triangle A'D'E' semblable à ADE : les deux polygones A'B'C'D'E', ABCDE sont semblables comme formés de triangles semblables chacun à chacun et disposés de même.

CHAPITRE IV

PROPRIÉTÉS DU TRIANGLE RECTANGLE

—

116. — **Théorème I.** — *Dans tout triangle rectangle, si l'on abaisse une perpendiculaire du sommet de l'angle droit sur l'hypoténuse,*

1° Cette perpendiculaire partage le triangle en deux triangles semblables au triangle proposé et semblables entre eux;

2° Cette perpendiculaire est moyenne proportionnelle entre les deux segments qu'elle détermine sur l'hypoténuse;

3° Chaque côté de l'angle droit est moyen proportionnel entre l'hypoténuse entière et le segment adjacent à ce côté.

Soit le triangle rectangle ABC (fig. 158), AD la perpendiculaire abaissée du sommet de l'angle droit sur l'hypoténuse.

1° Les deux triangles ABD, ABC sont semblables comme

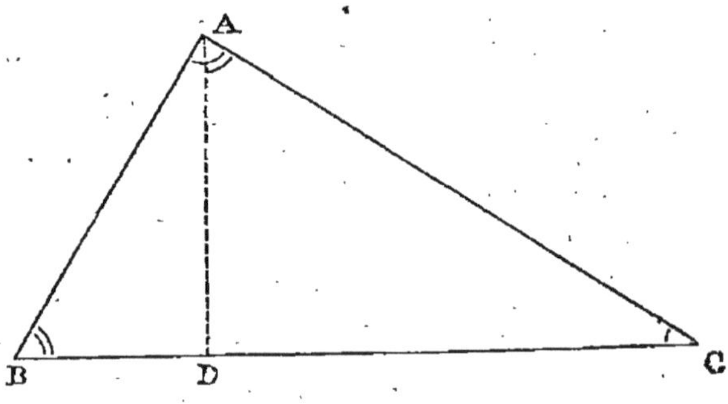

Fɪ . 158.

ayant deux angles égaux chacun à chacun, savoir l'angle droit et l'angle B commun. Il en résulte l'égalité du troisième angle, BAD = C.

Par une raison semblable, les deux triangles ACD, ACB sont semblables, et l'angle DAC = B.

En conséquence, les deux triangles partiels BAD, CAD, ayant leurs angles égaux, sont semblables.

2° La similitude des triangles ADB, ADC (où les côtés homologues se reconnaissent à ce qu'ils sont opposés aux angles égaux) donne la proportion :

$$\frac{BD}{AD} = \frac{AD}{DC}.$$

Le produit des extrêmes étant égal au produit des moyens, cette égalité peut encore s'écrire :

$$\overline{AD}^2 = BD \times DC. \tag{1}$$

3° La similitude des triangles ABD, ABC donne la proportion :

$$\frac{BD}{AB} = \frac{AB}{BC}.$$

Cette égalité peut encore s'écrire :

$$\overline{AB}^2 = BD \times BC. \tag{2}$$

On prouve de même :

$$\overline{AC}^2 = DC \times BC. \tag{3}$$

COROLLAIRE I. — *Les carrés des côtés de l'angle droit sont proportionnels aux segments adjacents de l'hypoténuse.*

Car les égalités (2) et (3) divisées respectivement par BD et DC, donnent :

$$\frac{\overline{AB}^2}{BD} = BC, \qquad \frac{\overline{AC}^2}{DC} = BC,$$

d'où

$$\frac{\overline{AB}^2}{BD} = \frac{\overline{AC}^2}{DC}.$$

Chacun de ces rapports étant égal à BC, ou à $\dfrac{\overline{BC}^2}{BC}$, on peut encore écrire :

$$\frac{\overline{AB}^2}{BD} = \frac{\overline{AC}^2}{DC} = \frac{\overline{BC}^2}{BC},$$

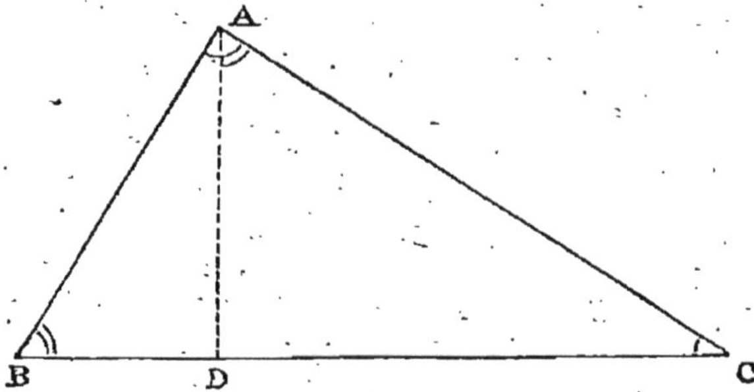

Fig. 158 bis.

ce qui exprime que *les carrés des deux côtés de l'angle droit et de l'hypoténuse sont entre eux comme les segments de l'hypoténuse et l'hypoténuse elle-même.*

117. — **Théorème II**. — *Dans tout triangle rectangle, le carré de l'hypoténuse est égal à la somme des carrés des deux côtés de l'angle droit.*

Ajoutons membre à membre les égalités (2) et (3) du numéro précédent :

$$\overline{AB}^2 + \overline{AC}^2 = BD \times BC + DC \times BC,$$

ou, en mettant dans le second membre BC en facteur commun,

$$\overline{AB}^2 + \overline{AC}^2 = (BD + DC) \times BC,$$

et enfin, BD + DC n'étant autre que BC,

$$\overline{AB}^2 + \overline{AC}^2 = \overline{BC}^2. \tag{4}$$

Remarque. — Il faut observer que dans ce théorème et dans le corollaire qui précède, le mot *carré* est pris dans son sens arithmétique; le carré de chaque côté du triangle signifie le produit par lui-même du nombre qui représente ce côté, les trois côtés étant mesurés avec une même unité, d'ailleurs quelconque.

Le théorème précédent, appelé théorème de Pythagore, permet de calculer un côté d'un triangle rectangle quand on connaît les deux autres.

Si l'on connaît les deux côtés de l'angle droit, AB, AC, on trouve pour la longueur de l'hypoténuse, en extrayant la racine carrée des deux membres de l'égalité (4) :

$$BC = \sqrt{\overline{AB}^2 + \overline{AC}^2}. \qquad (5)$$

Si, connaissant l'hypoténuse BC et un côté de l'angle droit AC, on veut calculer l'autre côté de l'angle droit AB, on commence par retrancher $\overline{AC}^2$ aux deux membres de l'égalité (4), ce qui donne :

$$\overline{AB}^2 = \overline{BC}^2 - \overline{AC}^2,$$

et, en extrayant la racine carrée des deux membres :

$$AB = \sqrt{\overline{BC}^2 - \overline{AC}^2}. \qquad (6)$$

Exemples. — *1° Dans un triangle rectangle, les deux côtés de l'angle droit, AB, BC, ont respectivement 3 et 4 mètres : calculer l'hypoténuse BC.*

La formule (5) donne

$$BC = \sqrt{3^2 + 4^2} = \sqrt{9 + 16} = \sqrt{25} = 5.$$

2° Dans un triangle rectangle l'hypoténuse BC a 12 mètres et le côté de l'angle droit AC a 7 mètres : calculer l'autre côté AB.

La formule (6) donne

$$AB = \sqrt{12^2 - 7^2} = \sqrt{144 - 49} = 9,749 \text{ environ.}$$

COROLLAIRE. — *Le rapport de la diagonale d'un carré au côté est égal à* $\sqrt{2}$.

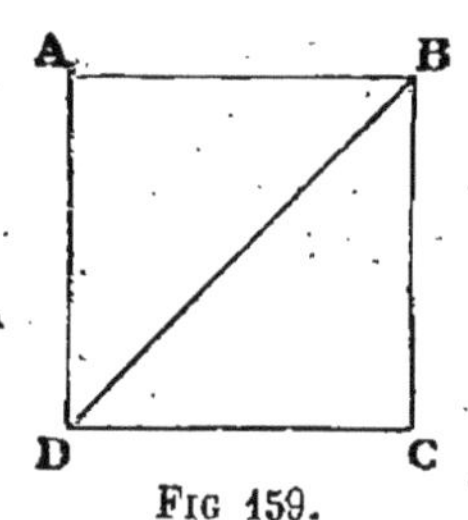

FIG 159.

Soit un carré ABCD (fig. 159). Menons la diagonale BD.

Dans le triangle rectangle DAB,

$$\overline{BD}^2 = \overline{AB}^2 + \overline{AD}^2,$$

ou comme AD = AB,

$$\overline{BD}^2 = \overline{AB}^2 \times 2,$$

et, en divisant par $\overline{AB}^2$,

$$\frac{\overline{BD}^2}{\overline{AB}^2} = 2.$$

D'où, en extrayant la racine carrée,

$$\frac{BD}{AB} = \sqrt{2}. \tag{7}$$

On prouve en arithmétique (1) que le nombre $\sqrt{2}$ est irrationnel. Il en résulte que le rapport de la diagonale d'un carré au côté ne peut s'exprimer exactement, ou que ces deux longueurs n'ont pas de commune mesure.

La formule (7) revient à celle-ci :

$$BD = AB \sqrt{2}. \tag{8}$$

Ainsi, *quand on connaît le côté d'un carré, on trouve la diagonale en multipliant ce côté par* $\sqrt{2}$.

(1) Voy. *Éléments d'arithmétique*, n° 228.

En divisant les deux membres de l'égalité (8) par $\sqrt{2}$, on obtient :

$$AB = \frac{BD}{\sqrt{2}},$$

formule qui permet de calculer le côté d'un carré, connaissant la diagonale. Pour éviter la division par le nombre $\sqrt{2}$, on multiplie le numérateur et le dénominateur du second membre par $\sqrt{2}$, ce qui donne

$$AB = \frac{BD\,\sqrt{2}}{\sqrt{2} \times \sqrt{2}},$$

ou

$$AB = \frac{BD\,\sqrt{2}}{2}. \qquad (9)$$

EXEMPLES. — 1° *Calculer la diagonale d'un carré dont le côté a 5 mètres.*

D'après la formule (8),

$$BD = 5 \times \sqrt{2} = 5 \times 1{,}41421\ldots$$

$$BD = 7{,}071 \text{ environ.}$$

2° *Calculer le côté d'un carré dont la diagonale a $2^m,60$.*
D'après la formule (9),

$$AB = \frac{2{,}60 \times \sqrt{2}}{2} = 1{,}838 \text{ environ.}$$

118. — **Problème.** — *Construire la moyenne proportionnelle entre deux droites données.*

Les articles 2° et 3° du théorème I (n° 116) fournissent chacun une construction de la longueur demandée.

1re *construction.* — Sur une droite indéfinie portons de part et d'autre, à partir d'un point A, les deux longueurs AB, AC, respectivement égales aux deux longueurs données

m, n (fig. 160) ; sur BC comme diamètre décrivons un demi-cercle et élevons, jusqu'à la rencontre de la demi-circonfé-

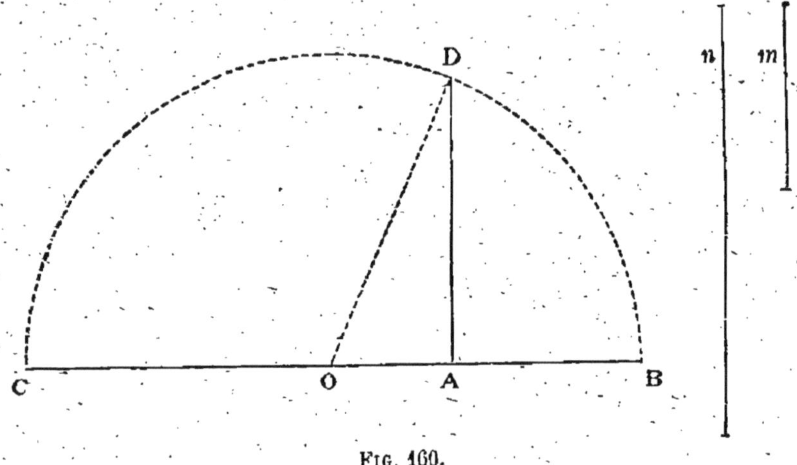

FIG. 160.

rence, la droite AD perpendiculaire à BC ; AD est la moyenne proportionnelle demandée.

Car si l'on traçait le triangle BCD, il serait rectangle en D, et la perpendiculaire DA à l'hypoténuse est moyenne pro-portionnelle entre les deux segments qu'elle détermine sur cette hypoténuse.

COROLLAIRE. — *La moyenne géométrique (ou proportion-nelle) de deux quantités est plus petite que leur moyenne arithmétique.*

Car la moyenne arithmétique de m et de n, c'est-à-dire la demi-somme de ces deux longueurs, n'est autre que le rayon DO, qui est plus grand que DA, à moins toutefois que m et n ne soient égales : dans ce cas, les points A et O se confondent, et DA = DO.

2ᵉ construction. — Sur une droite indéfinie portons d'un même côté du point A les deux longueurs AB, AC, respec-tivement égales à m et à n (fig. 161) ; sur AC comme dia-mètre décrivons un demi-cercle ; élevons BD perpendicu-laire à AC jusqu'à la rencontre de la demi-circonférence, et traçons la droite AD : c'est la moyenne proportionnelle de-mandée.

Car si l'on mène DC, le triangle ADC étant rectangle en D, le côté de l'angle droit AD est moyen proportionnel entre AC et AB.

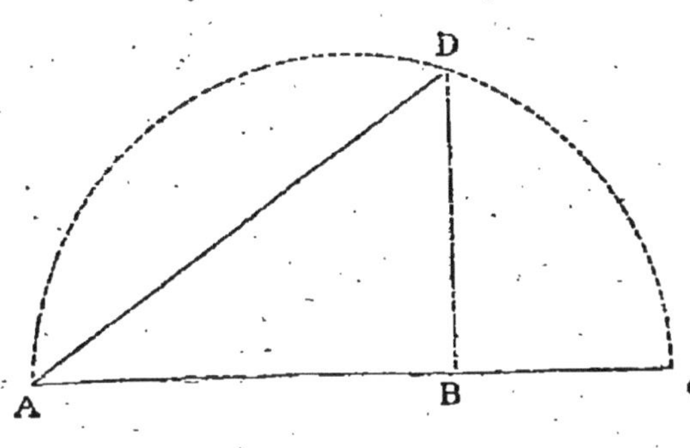

FIG. 161.

REMARQUE. — La formule de la moyenne proportionnelle est

$$AD = \sqrt{m \times n}.$$

L'une et l'autre construction peuvent donc servir à obtenir une droite satisfaisant à cette relation, m et n représentant des droites données.

CHAPITRE V

PROPRIÉTÉ DES TRIANGLES QUELCONQUES

---

149. — **Définitions.** — *On appelle* PROJECTION *d'un point A sur une droite XY le pied A' de la perpendiculaire abaissée de ce point sur la droite* (fig. 162).

On appelle PROJECTION *d'une droite AB sur une droite XY*

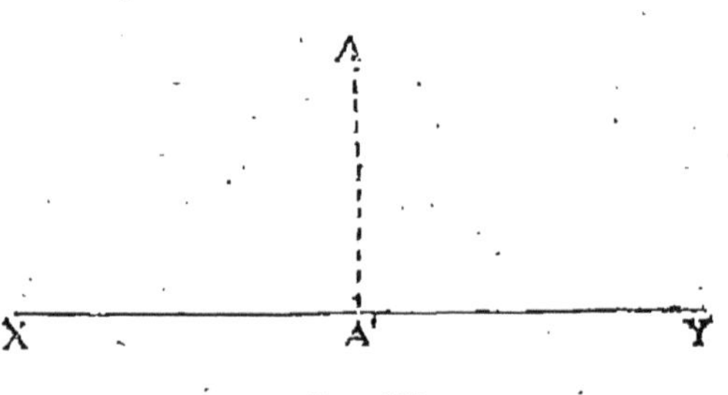

Fig. 162.

la distance A'B' entre les projections des deux extrémités de la première (fig. 163).

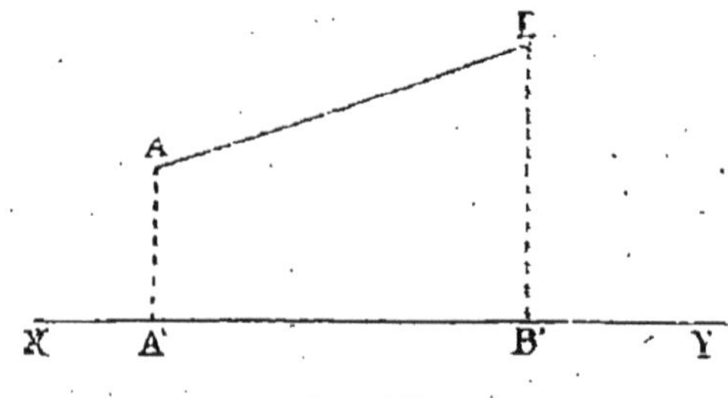

Fig. 163.

Si la droite AB a une de ses extrémités A sur la droite

XY, il est clair que le point A étant à lui-même sa propre projection, la projection de AB est AB' (fig. 164).

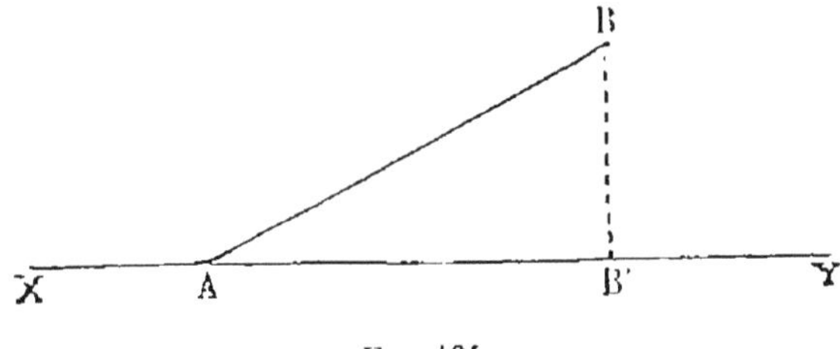

FIG. 164.

120. — Théorème I. — *Le carré d'un côté opposé à un angle aigu d'un triangle est égal à la somme des carrés des deux autres côtés, diminué de deux fois le produit de l'un de ces côtés par la projection de l'autre côté sur celui-ci.*

Soit, dans le triangle ABC (fig. 165), A un angle aigu. Nous voulons trouver une expression du côté BC. Pour cela, abaissons la perpendiculaire CD sur AB. Appliquons le théorème de Pythagore au triangle rectangle BDC :

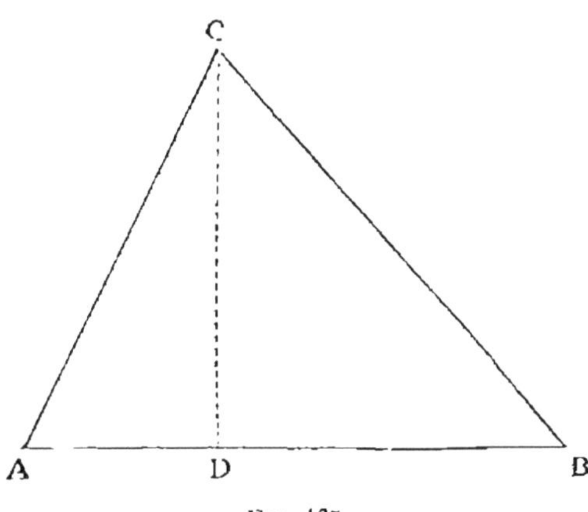

FIG 165.

$$\overline{BC}^2 = \overline{CD}^2 + \overline{BD}^2.$$

Mais

$$BD = AB - AD,$$

d'où, en élevant au carré,

$$\overline{BD}^2 = \overline{AB}^2 - 2\,AB \times AD + \overline{AD}^2.$$

Remplaçons $\overline{BD}^2$ par cette valeur dans la première égalité :

$$\overline{BC}^2 = \overline{CD}^2 + \overline{AB}^2 - 2\,AB \times AD + \overline{AD}^2.$$

Remarquons maintenant que la somme $\overline{CD}^2 + \overline{AD}^2$, qui se trouve au second membre, peut se remplacer, d'après le théorème de Pythagore, par $\overline{AC}^2$, en sorte que l'égalité précédente peut s'écrire

$$\overline{BC}^2 = \overline{AB}^2 + \overline{AC}^2 - 2AB \times AD, \qquad (1)$$

ce qu'il fallait démontrer.

121. — Théorème II. — *Le carré d'un côté opposé à un angle obtus d'un triangle est égal à la somme des carrés des deux autres côtés, augmentée de deux fois le produit de l'un de ces côtés par la projection de l'autre sur celui-ci.*

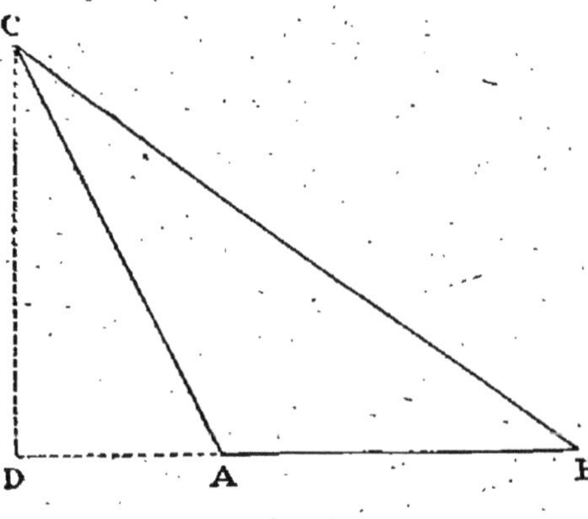

Fig. 166.

Soit, dans le triangle ABC, A un angle obtus (fig. 166). Nous voulons encore obtenir une expression du côté BC. Pour cela nous abaissons de même la perpendiculaire CD sur BA prolongé. Comme dans le théorème précédent,

$$\overline{BC}^2 = \overline{CD}^2 + \overline{BD}^2.$$

Mais

$$BD = AB + AD,$$

d'où, en élevant au carré,

$$\overline{BD}^2 = \overline{AB}^2 + 2AB \times AD + \overline{AD}^2.$$

Remplaçons $\overline{BD}^2$ par cette valeur dans la première égalité :

$$\overline{BC}^2 = \overline{CD}^2 + \overline{AB}^2 + 2AB \times AD + \overline{AD}^2.$$

La somme $\overline{CD}^2 + \overline{AD}^2$, qui figure dans le second membre, peut se remplacer par $\overline{AC}^2$, et il vient alors

$$\overline{BC}^2 = \overline{AB}^2 + \overline{AC}^2 - 2AB \times AD, \qquad (2)$$

ce qu'il fallait démontrer.

CorollAIRE I. — D'après le théorème de Pythagore et les deux que nous venons d'établir, *le carré d'un côté d'un triangle est égal, inférieur ou supérieur à la somme des carrés des deux autres, suivant que l'angle opposé au premier est droit, aigu ou obtus.*

Il est facile par là, connaissant les trois côtés d'un triangle, de savoir la nature de l'angle opposé à chaque côté. Résolvons cette question sur des exemples numériques.

Exemple I. — *Les trois côtés d'un triangle ont respectivement 10, 8, et 6 mètres. Quelle est la nature de l'angle opposé au plus grand côté?* (Cet angle étant le plus grand, les autres sont nécessairement aigus.)

Les carrés des trois côtés sont respectivement 100, 64 et 36. Le premier carré est égal à la somme des deux autres. Donc le plus grand angle est droit.

Exemple II. — *Même question sur le triangle dont les côtés ont 12, 10 et 8 mètres.*

Les carrés des trois côtés sont respectivement 144, 100 et 64. Le premier est plus petit que la somme des deux autres : donc le plus grand angle est aigu.

Exemple III. — *Même question sur le triangle dont les côtés ont 9, 7 et 5 mètres.*

Les carrés des trois côtés sont respectivement 81, 49 et 25. Le premier est plus grand que la somme des deux autres : donc le plus grand angle est obtus.

Remarque. — Les relations (1) et (2) (théor. I et II de ce chapitre) permettent, quand on connaît les trois côtés d'un triangle, de calculer la projection d'un côté sur un autre, et par suite la perpendiculaire abaissée d'un sommet sur le côté opposé (ou une hauteur du triangle).

Supposons, par exemple, $BC = 12^m$, $AC = 10^m$, $AB = 8^m$ (fig. 165). On reconnaît que l'angle A est aigu. Appliquons l'égalité (1) :

$$12^2 = 8^2 + 10^2 - 2 \times 8 \times AD,$$

ou
$$144 = 164 - 16\,AD$$

$$16\,AD = 20$$

$$AD = \tfrac{20}{16} = 1,25.$$

Pour calculer la hauteur CD, appliquons le théorème de Pythagore au triangle ACD :

$$\overline{CD}^2 = \overline{AC}^2 - \overline{AD}^2,$$

$$\overline{CD}^2 = 64 - 1,5625 = 62,4375,$$

$$CD = \sqrt{62,4375} = 7,90 \text{ environ.}$$

CHAPITRE VI

PROPRIÉTÉS DES CORDES, DES SÉCANTES ET DES TANGENTES ISSUES DU MÊME POINT

---

122. — **Théorème I.** — *Si par un point pris dans un cercle on mène différentes cordes, le produit des deux segments déterminés par ce point sur chacune d'elles est constant.*

Soient les deux cordes BC, B′C′, menées par le point A (fig. 167). Traçons les droites BB′, CC′. Les triangles ABB′, ACC′ sont semblables puisqu'ils ont deux angles égaux, savoir : B′ et C égaux comme ayant tous deux pour mesure la moitié de l'arc BC′, B et C′ égaux comme ayant tous deux pour mesure la moitié de l'arc B′C. Écrivons que les côtés homologues sont proportionnels :

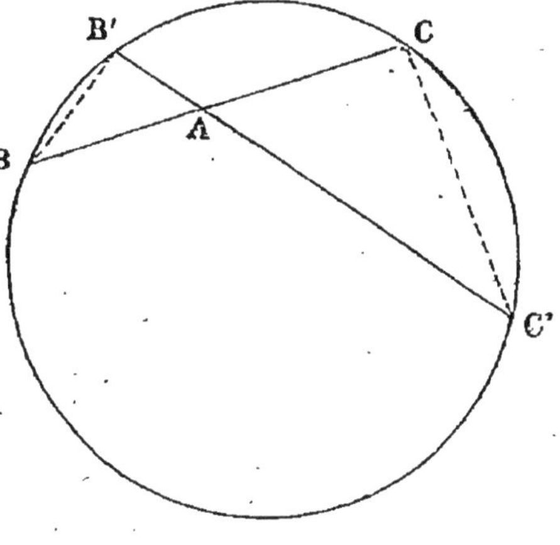

Fig. 167.

$$\frac{AB}{AC'} = \frac{AB'}{AC},$$

et, comme le produit des extrêmes égal celui des moyens,

$$AB \times AC = AB' \times AC'.$$

Cette égalité a lieu quelle que soit la direction de la corde B'C' ; le théorème est donc démontré.

COROLLAIRE. — Supposons que l'une des cordes BC soit un diamètre, et que l'autre B'C' lui soit perpendiculaire (fig. 168). Cette dernière est partagée en deux parties égales par le diamètre qui lui est perpendiculaire, et l'égalité précédente devient

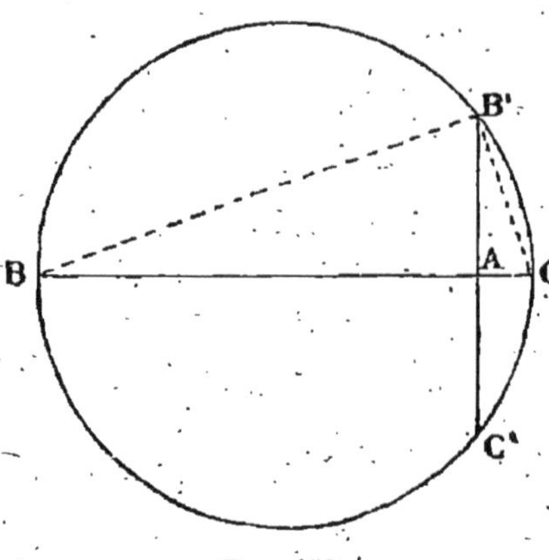

FIG. 168.

$$AB \times AC = \overline{AB'}^2.$$

Mais le triangle BB'C est rectangle comme inscrit dans un demi-cercle ; cette dernière égalité signifie donc que dans un triangle rectangle la perpendiculaire abaissée du sommet de l'angle droit sur l'hypoténuse est moyenne proportionnelle entre les deux segments de l'hypoténuse. C'est ce que nous avons déjà démontré (n° 116, 2°).

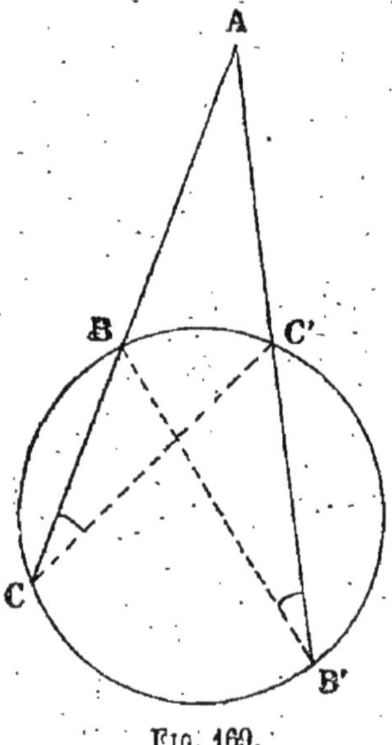

FIG. 169.

123. — **Théorème II.** — *Si par un point pris hors d'un cercle on mène différentes sécantes, le produit de chaque sécante entière par sa partie extérieure est constant.*

Soient les deux sécantes ABC, AC'B' issues du point A (fig. 169). Menons les droites BB', CC'. Les deux triangles ABB', ACC' sont semblables parce qu'ils ont deux angles égaux, savoir : l'angle A commun, et les angles C, B' égaux comme ayant tous deux pour mesure la moitié de l'arc BC'.

Écrivons que les côtés homologues sont proportionnels :

$$\frac{AB}{AC'} = \frac{AB'}{AC},$$

d'où

$$AB \times AC = AB' \times AC'.$$

Cette égalité a lieu quelle que soit la direction de la sécante AC'B', et le théorème est démontré.

Corollaire I. — Faisons tourner la sécante AC'B' autour du point A (fig. 170), jusqu'à ce que les points d'intersection C' et B' se confondent en un seul D, c'est-à-dire jusqu'à ce que la sécante AC'B' devienne tangente en D. Les deux relations précédentes ont encore lieu ; elles deviennent

$$\frac{AB}{AD} = \frac{AD}{AC},$$

ou

$$AB \times AC = \overline{AD}^2.$$

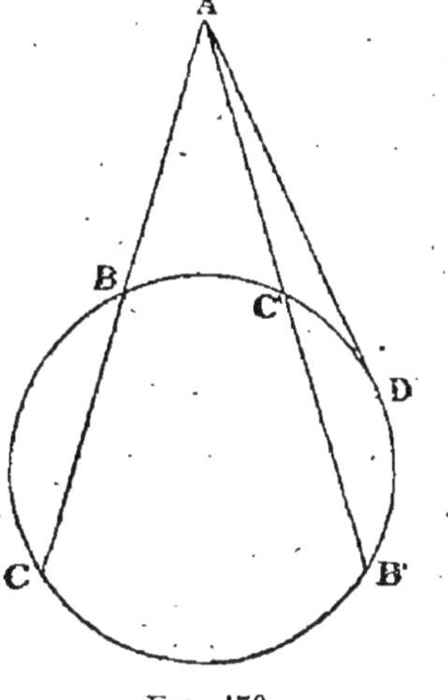

Fig. 170.

Donc *si d'un point pris hors d'un cercle on mène une tangente et une sécante, la tangente est moyenne proportionnelle entre la sécante entière et sa partie extérieure.*

Corollaire II. — Le point A détermine sur les cordes BC, B'C' des segments additifs dans la figure 167, et soustractifs dans la figure 169. C'est la seule différence entre les deux figures. Les deux théorèmes précédents peuvent se réunir en un seul énoncé :

Si par un point pris dans le plan d'un cercle on fait passer différentes cordes, le produit des segments additifs ou soustractifs déterminés par ce point sur chaque corde est constant.

124. — **Théorème III.** — (Réciproque des théorèmes I et II.) *Si deux droites* BB', CC' *se coupent, en un point* A,

en segments additifs ou soustractifs en même temps pour les deux droites, tels que $AB \times AC = AB' \times AC'$, *les quatre points B, C, B', C', sont sur une même circonférence* (fig. 171 et 172).

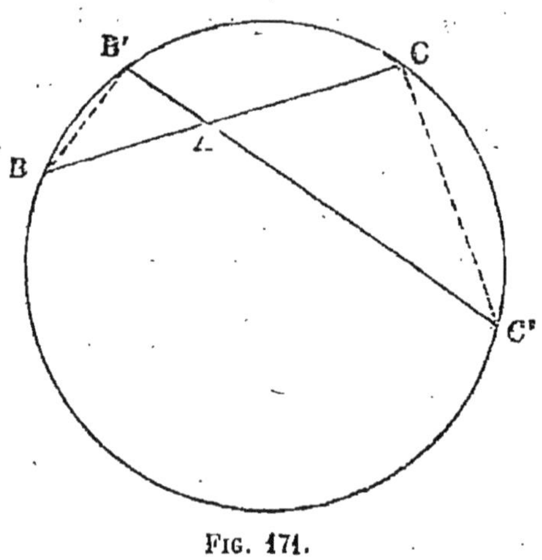

FIG. 171.

Menons les droites BC, B'C'. De l'égalité

$$AB \times AC = AB' \times AC'$$

on déduit, en divisant les deux membres par AC' et par AC,

$$\frac{AB}{AC'} = \frac{AB'}{AC}.$$

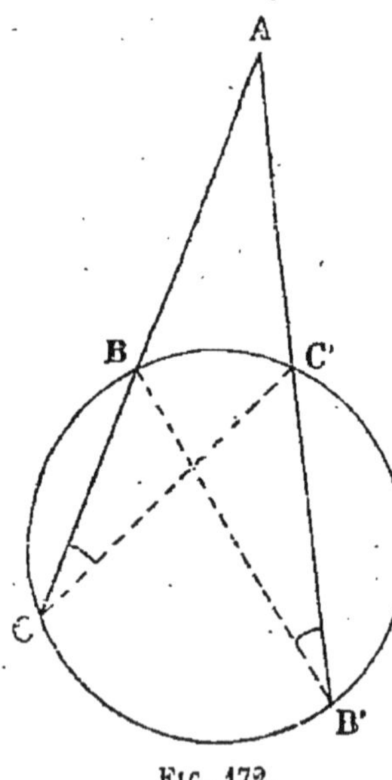

FIG. 172.

Donc les triangles ABB', ACC' sont semblables comme ayant un angle égal en A, compris entre côtés proportionnels, et les angles B', C sont égaux. Par conséquent la circonférence qui passe par les points B, C', C, passe par le point C' (théor. VIII, n° 78), ce qu'il fallait démontrer.

COROLLAIRE. — (Réciproque du coroll. I, n° 123.) *Si sur un côté d'un angle A on prend deux longueurs AB, AC, et sur l'autre une longueur* AD, *telles que* $AB \times AC = \overline{AD}^2$, *la circonférence passant par les trois points* D, B, C *est tangente à* AD (fig. 173).

Traçons les droites DB, DC. L'égalité ci-dessus, divisée par AC et par AD, devient

$$\frac{AB}{\overline{AD}} = \frac{AD}{\overline{AC}} \cdot$$

Ainsi les deux triangles ABD, ACD sont semblables comme ayant un angle égal en A, compris entre côtés proportionnels, et l'angle C est égal à l'angle ADB. Or, si l'on fait passer une circonférence par les points B, D, C, l'angle C a pour mesure la moitié de l'arc BD; l'angle D

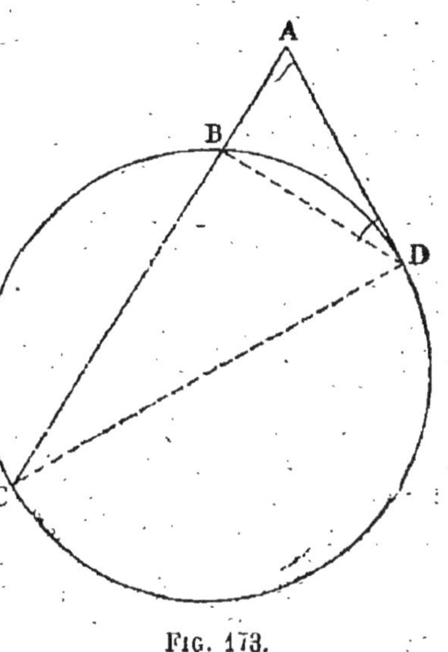

Fig. 173.

a donc aussi la même mesure, ce qui exige que AD soit tangente au cercle (théor. V, n° 75).

125. — **Problème I.** — *Construire la moyenne proportionnelle entre deux droites.*

La théorie qui précède fournit une troisième construction de la moyenne proportionnelle (voy. n° 118). Après avoir tracé une circonférence quelconque (fig. 174), on y trace une corde CB égale à la différence $n - m$

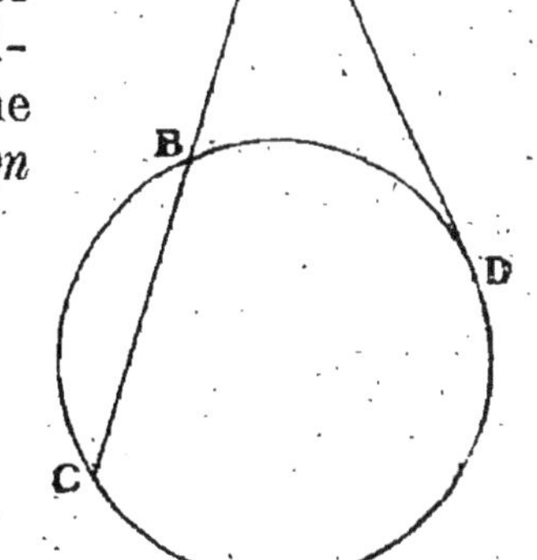

Fig. 174.

des deux droites données, et on la prolonge d'une longueur BA $= m$. Alors AB $= m$, AC $= n$. La tangente AD menée au cercle par le point A est la moyenne proportionnelle demandée.

126. — Problème II. — *Décrire une circonférence passant par deux points donnés et tangente à une droite donnée.*

Supposons le problème résolu. Soit ABM la circonférence demandée, passant par les points donnés A et B, et tangente en M à la droite donnée XY (fig. 175). Traçons la droite AB,

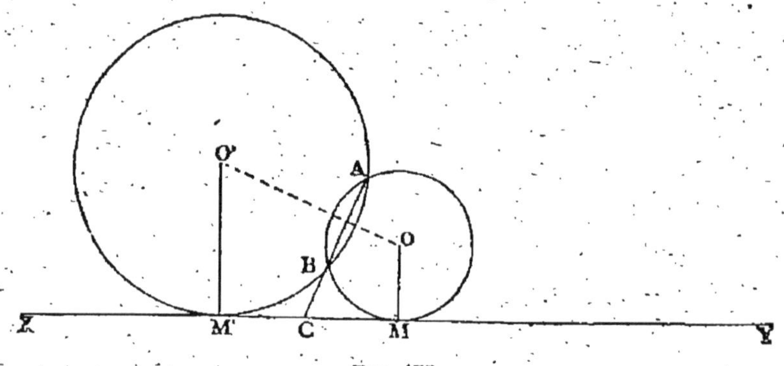

FIG. 175.

et prolongeons-la jusqu'à la rencontre de XY en C. CM est moyenne proportionnelle entre CA et CB (coroll. I, n° 123). D'où la construction suivante :

Tracez la droite AB jusqu'à la rencontre de XY en C, construisez la moyenne proportionnelle entre CA et CB, puis portez-la sur XY à partir du point C : son extrémité M est le point de contact cherché. Il n'y a plus alors qu'à faire passer une circonférence par les trois points A, B, M.

On observera que le centre O de cette circonférence est à l'intersection des perpendiculaires menées à AB par son milieu, et à XY par le point M.

La moyenne proportionnelle entre CA et CB pouvant se porter dans deux sens différents à partir du point C, suivant CM et suivant CM', il y a deux solutions.

Il faut et il suffit, pour que le problème soit possible, que les deux points donnés soient d'un même côté de la droite.

Exercices sur le livre III.

PROBLÈMES NUMÉRIQUES.

1. Dans un triangle ABC dont les côtés AB, AC ont respectivement $3^m,75$ et $4^m,53$, on mène au côté BC une parallèle qui coupe AB à $2^m,50$ du point A : calculer les deux segments déterminés par cette parallèle sur le côté AC.

2. Dans un triangle ABC où $AB = 8^m$, $AC = 9^m$, $BC = 12^m$, on mène les bissectrices de l'angle intérieur et de l'angle extérieur en A : calculer les segments qu'elles déterminent sur le côté opposé. — Trouver une formule générale pour résoudre la question, les trois côtés étant désignés par c, b, a.

3. On coupe le triangle précédent par une parallèle au côté BC qui coupe AB à $5^m,45$ du point A : calculer les trois côtés du triangle qu'elle intercepte.

4. Calculer les trois côtés d'un triangle sachant qu'il a 100 mètres de périmètre, et qu'il est semblable à un triangle dont les trois côtés ont $12^m,50$, $8^m,40$ et $7^m,30$.

5. Les deux côtés de l'angle droit d'un triangle rectangle ont 5 et 12 mètres ; calculer :
L'hypoténuse ;
La perpendiculaire abaissée du sommet de l'angle droit sur l'hypoténuse ;
Les deux segments qu'elle détermine sur l'hypoténuse ;
Les segments additifs et soustractifs déterminés sur l'hypoténuse par les bissectrices de l'angle intérieur et de l'angle extérieur opposé ;
Les longueurs de ces deux bissectrices ;
Le rayon du cercle inscrit.

6. Dans un triangle rectangle, les deux segments déterminés sur l'hypoténuse par la hauteur correspondante ont 5 et 20 mètres : calculer cette hauteur et les deux côtés de l'angle droit.

7. Dans un triangle rectangle, l'un des côtés de l'angle droit a 3 mètres, et le segment adjacent déterminé sur l'hypoténuse par la hauteur correspondante a $1^m,8$: calculer l'autre côté de l'angle droit et l'hypoténuse.

8. Deux circonférences se coupent à angle droit, et leurs rayons ont respectivement 8 et 11 mètres : calculer la distance des centres et la partie de la ligne des centres comprise entre les deux circonférences.

9. Dans un cercle de 12 mètres de rayon, on mène une corde par un point situé à 5 mètres du centre; l'un des segments déterminés par ce point sur cette corde a 8 mètres; quel est l'autre segment? — Quelle est la longueur de la corde menée par ce point perpendiculairement au rayon qui le contient?

10. Un cercle a 8 mètres de rayon; quelle est la longueur de la tangente menée par un point situé à 20 mètres du centre? — Quelle est la longueur de la sécante entière menée par le même point, et ayant 22 mètres pour partie extérieure?

11. Les trois côtés d'un triangle ont 12 mètres, 15 mètres et 17 mètres : calculer la hauteur abaissée sur le plus grand côté.

THÉORÈMES A DÉMONTRER ET PROBLÈMES GRAPHIQUES.

12. Former sur la droite qui joint deux points donnés deux segments additifs, puis deux segments soustractifs proportionnels à deux longueurs données.

13. D'un point donné, mener une droite passant par le point de rencontre de deux droites qu'on ne peut prolonger jusqu'à leur intersection.

14. Démontrer par les triangles semblables que les trois médianes d'un triangle se coupent en un même point situé au tiers de chacune d'elles à partir du sommet opposé. (Ce point est appelé en mécanique le centre de gravité du triangle.)

15. On prend sur deux côtés d'un triangle, à partir d'un même sommet, deux longueurs égales respectivement au tiers de chacun de ces côtés. Dans quel rapport se coupent les droites qui joignent les extrémités de ces longueurs aux deux autres sommets?

16. Dans quel rapport un côté d'un triangle est-il partagé par la droite qui joint au milieu d'une médiane le sommet opposé au premier côté?

17. On partage en deux parties égales, ou plus généralement dans un rapport donné, toutes les parallèles menées à un côté d'un triangle : quel est le lieu du point de division?

18. On mène une parallèle quelconque à un côté d'un triangle : quel est le lieu du point de rencontre des diagonales du trapèze ainsi formé?

19. On mène aux deux bases d'un trapèze une parallèle terminée aux deux côtés non parallèles et les partageant dans un rapport donné $\frac{m}{n}$ (les segments étant additifs ou soustractifs) : exprimer la longueur de cette parallèle au moyen des bases a et b et des nombres m et n.

20. La distance du centre de gravité d'un triangle à une droite extérieure au triangle est la moyenne arithmétique des distances des trois sommets à la droite.

21. Trouver un point dont les distances aux trois sommets d'un triangle soient proportionnelles à trois longueurs données.

22. Trouver le lieu des points d'où l'on voit deux cercles sous le même angle.

23. Trouver un point d'où l'on voie trois cercles sous le même angle.

24. Trouver le lieu des points d'où l'on voit sous le même angle deux longueurs consécutives portées sur une droite.

25. Trouver le lieu des points d'où l'on voit sous le même angle trois longueurs consécutives portées sur une droite.

26. Lorsque deux cercles sont tangents extérieurement, la tangente commune extérieure, limitée aux points de contact, est moyenne proportionnelle entre leurs diamètres.

27. Par un point donné dans un angle, mener une sécante partagée par ce point dans un rapport donné

28. Par le point d'intersection de deux circonférences, mener une sécante dont les deux portions comprises dans chaque circonférence soient dans un rapport donné.

29. Prouver que le lieu géométrique des points dont les distances à deux droites données OX, OY sont dans un rapport donné $\frac{a}{b}$, est un système de deux droites qui se construit de la manière suivante : On porte respectivement sur les deux droites à partir de leur point de rencontre les longueurs $OB = b$, $OA = a$; on construit un parallélogramme sur les droites OB, OA; la diagonale issue du point O et la parallèle à l'autre diagonale, tracée par le même point, forment le lieu demandé.

30. Trouver à l'intérieur d'un triangle un point dont les distances aux trois côtés soient proportionnelles à trois longueurs données.

31. Trouver à l'intérieur d'un triangle un point dont les distances aux trois côtés soient inversement proportionnelles à ces côtés.

32. Lorsque deux polygones semblables ont leurs côtés parallèles chacun à chacun, les droites qui joignent les sommets homologues passent par un même point. (Les polygones sont alors dits *homothétiques* directs ou inverses suivant que les côtés parallèles sont dirigés dans le même sens ou en sens inverse. Le point dont il s'agit est le centre d'homothétie.)

33. Si d'un point fixe O on mène des droites aux différents sommets A, B, C,..... d'un polygone, et qu'on prenne sur ces droites, dans un sens ou dans l'autre des longueurs OA', OB', OC',..... tels que les rapports $\frac{OA}{OA'}$, $\frac{OB}{OB'}$, $\frac{OC}{OC'}$...... soient égaux à un rapport donné $\frac{m}{m'}$, les polygones

ABC....., A'B'C',.... sont semblables et ont leurs côtés parallèles (homothétiques). Leur rapport de similitude est $\frac{m}{m'}$. — En déduire une construction, sur un côté donné, d'un polygone semblable à un polygone donné.

34. Si d'un point fixe O on mène des droites OM, aux différents points d'une droite, et qu'on porte sur chacune de ces droites, dans un sens ou dans l'autre, une longueur OM' telle que le rapport $\frac{OM}{OM'}$ soit égal à un rapport donné, le lieu du point M' est une droite.

35. Si dans deux cercles on mène deux rayons parallèles quelconques, dans le même sens ou en sens contraires, les droites qui joignent leurs extrémités passent par un point fixe. (Ce point s'appelle centre d'homothétie directe ou inverse suivant que les rayons parallèles sont de même sens ou de sens contraires.)

36. Les tangentes communes à deux cercles passent par l'un des deux centres d'homothétie. — En déduire une construction des tangentes communes.

37. Si d'un point O on mène des droites OM aux différents points d'une circonférence, et qu'on porte sur chacune de ces droites, dans un sens ou dans l'autre, une longueur OM' telle que $\frac{OM}{OM'}$ soit égal à un rapport donné, le lieu du point M' est une circonférence, et le point O est un centre d'homothétie des deux circonférences.

38. Les cordes joignant dans deux cercles les extrémités de rayons parallèles, de même sens ou de sens contraires, sont parallèles et proportionnelles aux rayons.

39. Inscrire à un triangle donné un autre triangle dont les côtés soient parallèles à des directions données.

40. Inscrire à un triangle un carré, — un rectangle semblable à un rectangle donné.

41. Inscrire à un cercle un rectangle semblable à un rectangle donné.

42. On joint un point fixe A à un point quelconque M d'une droite, et sur la droite AM on prend une longueur AP telle que le produit $AP \times AM$ soit égal à une quantité fixe k^2. Quel est le lieu du point P?

43. On joint un point fixe A d'une circonférence à un point quelconque P de cette circonférence, et sur la droite AP on prend une longueur AM telle que le produit $AP \times AM$ soit égal à une quantité fixe k^2. Quel est le lieu du point P?

44. Différents triangles semblables ont un sommet commun, et un second sommet sur une droite fixe : quel est le lieu du troisième sommet?

45. Par un point donné dans un cercle, mener une sécante telle que l'un des segments déterminés par ce point soit la moitié de l'autre, — ou, plus généralement, soit avec l'autre dans un rapport donné.

46. Par un point donné hors d'un cercle, mener une sécante dont la partie extérieure soit la moitié de la sécante entière, — ou, plus généralement, soit avec elle dans un rapport donné.

47. Trouver le lieu des points tels que les carrés de leurs distances à deux points donnés aient une différence donnée.

48. Si les tangentes menées d'un point à deux cercles sont égales, la différence des carrés des distances de ce point aux deux centres est égale à la différence des carrés des rayons.

49. Trouver le lieu des points d'où les tangentes menées à deux cercles sont égales. (Ce lieu, qui se déduit des deux problèmes précédents, est une droite, qui s'appelle l'*axe radical* des deux cercles.)

50. Les axes radicaux de trois cercles, considérés deux à deux, passent par un même point.

51. Décrire une circonférence qui coupe à angle droit trois circonférences données.

52. La somme des carrés de deux côtés d'un triangle est égale à deux fois le carré de la médiane issue de leur point de rencontre, plus deux fois le carré de la moitié du troisième côté.

53. Trouver le lieu des points tels que la somme des carrés de leurs distances à deux points donnés est égale à un carré donné.

54. Trouver le lieu des milieux des cordes qui, dans un cercle, sont vues d'un point donné sous un angle droit.

55. Lorsque deux cordes se coupent à angle droit dans un cercle, la somme des carrés de leurs quatre segments est constante.

56. La distance d'un point quelconque d'une circonférence à une corde fixe est moyenne proportionnelle entre les distances du même point aux tangentes menées par les extrémités de la corde.

57. Tracer une droite qui soit à une droite donnée dans le rapport des carrés de deux droites données.

58. Tracer une droite dont le carré soit au carré d'une droite donnée dans le rapport de deux droites données.

59. Décrire une circonférence passant par un point donné et tangente à deux droites données.

60. Décrire une circonférence passant par un point donné, tangente à une droite donnée, et dont le centre soit situé sur une droite donnée.

61. Décrire une circonférence tangente à deux droites données et à une circonférence donnée.

62. Décrire une circonférence tangente à une circonférence, à une droite donnée et passant par un point donné.

63. Lorsque deux circonférences sont tangentes, si par un point de la tangente commune au point de contact on mène une sécante à chacune d'elles, les quatre points où elles coupent les deux circonférences sont sur une même circonférence.

64. Décrire une circonférence passant par deux points donnés et tangente à une circonférence donnée. (Application du théorème précédent.

65. Décrire une circonférence passant par deux points donnés, et coupant une circonférence sous un angle donné.

66. Décrire une circonférence tangente à une droite donnée en un point donné, et coupant une circonférence sous un angle donné.

67. Décrire une circonférence qui coupe deux circonférences sous des angles donnés, un des points d'intersection avec l'une d'elles étant aussi donné.

68. Décrire une circonférence qui coupe trois droites sous des angles donnés.

LIVRE IV

DES POLYGONES RÉGULIERS ET DE LA CIRCONFÉRENCE

CHAPITRE PREMIER

PROPRIÉTÉS GÉNÉRALES DES POLYGONES RÉGULIERS

Cercle circonscrit et cercle inscrit.

127. — Définition. — *Un polygone* RÉGULIER *est un polygone convexe dont tous les côtés sont égaux ainsi que les angles.*

128. — Théorème I. — *A tout polygone régulier on peut circonscrire et inscrire un cercle.*

Soit un polygone régulier ABCDEFGH (fig. 176).

1° Faisons passer une circonférence par trois sommets consécutifs A, B, C, et soit O le centre de cette circonférence. Menons les droites OA, OD : nous allons prouver qu'elles sont égales. En effet, abaissons la perpendiculaire OI sur BC, et

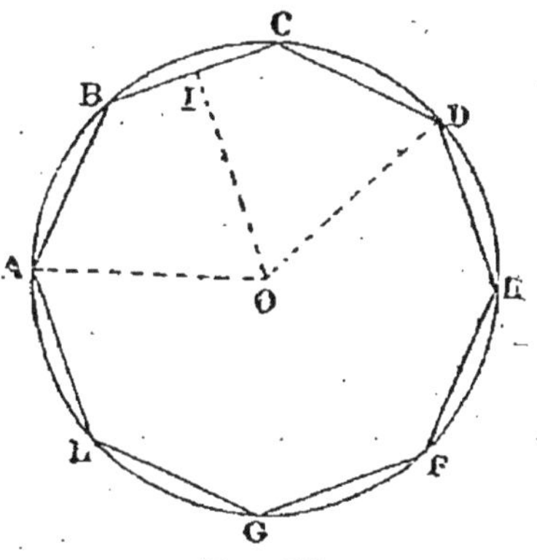

FIG. 176.

rabattons le quadrilatère OICD autour de OI sur OIBA. Les angles en I étant égaux comme droits, la droite IC prend la direction IB, et comme elles sont égales (théorème II, n° 66), le point C tombe en B. Maintenant les angles C et B étant égaux par hypothèse, la droite CD prend la direction BA, et comme ces droites elles-mêmes sont égales par hypothèse, le point D tombe en A. Ainsi OD coïncide avec OA, et lui est égal. Par suite la circonférence décrite du point O comme centre avec OA comme rayon, et qui passe déjà par les points A, B, C, passe aussi par le point D. On démontre de même qu'elle passe par tous les sommets du polygone, ou, en d'autres termes, qu'elle lui est circonscrite.

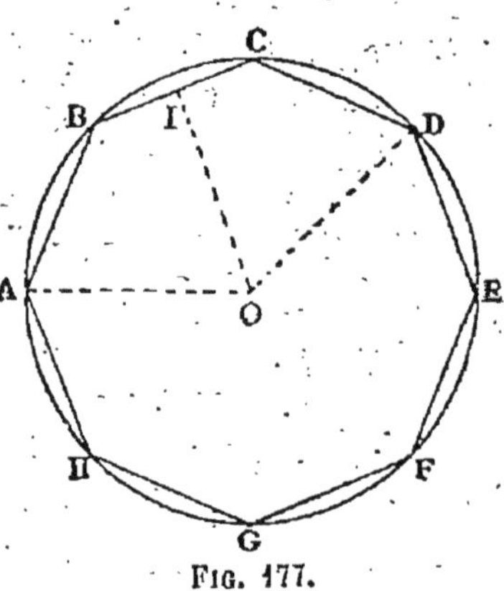

Fig. 177.

2° Abaissons maintenant les perpendiculaires OI, OK, OL, etc., sur tous les côtés du polygone (fig. 178) : elles sont égales (théor. III, n° 67). Donc si du point O comme centre, avec l'une d'elles pour rayon, nous décrivons une circonférence, elle passe par les pieds de toutes les autres perpendiculaires. D'ailleurs les côtés du polygone étant perpendiculaires à l'extrémité de rayons, sont tangents à cette circonférence, c'est-à-dire que celle-ci est inscrite au polygone.

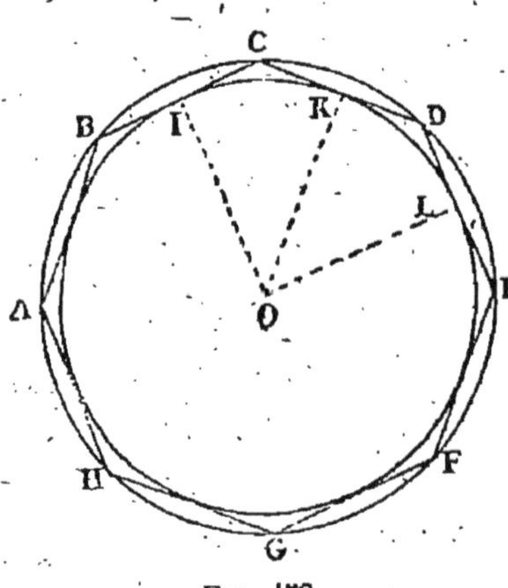

Fig. 178.

REMARQUE. — Le centre du cercle inscrit à un polygone régulier coïncide avec celui du cercle circonscrit.

Nous appellerons RAYON du polygone le rayon du cercle circonscrit, et APOTHÈME le rayon du cercle inscrit.

129. — **Théorème II**. — *Lorsqu'une circonférence est partagée en parties égales,*

1° Les droites qui joignent les points de division consécutifs forment un polygone régulier;

2° Les tangentes aux points de division forment aussi un polygone régulier.

1° Soit une circonférence partagée en parties égales par les points A, B, C, D, etc. (fig. 179). Formons le polygone ABCD..... Tous ses côtés sont égaux comme cordes sous-

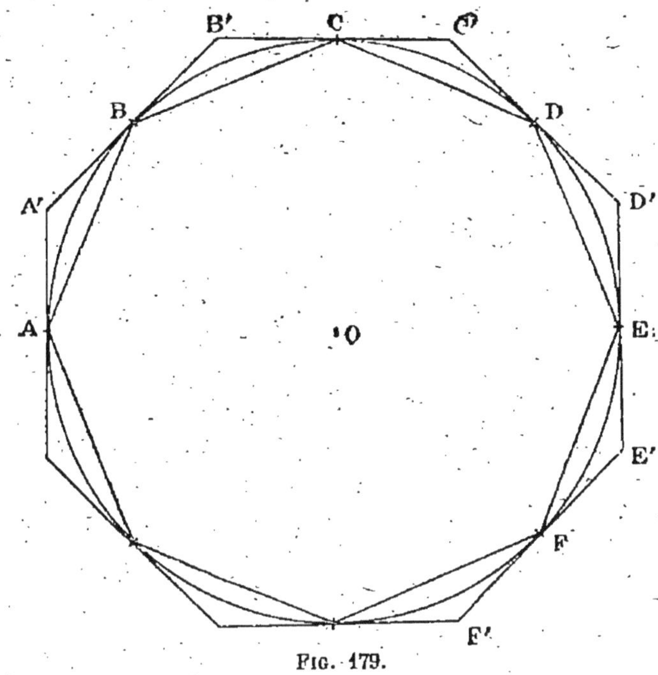

Fig. 179.

tendant des arcs égaux, et tous ses angles sont égaux comme angles inscrits interceptant entre leurs côtés des arcs égaux. Il est donc régulier.

2° Formons le polygone A'B'C'D'..... en menant les tangentes aux points de division. Les triangles AA'B, BB'C sont égaux parce qu'ils ont un côté égal adjacent à deux angles égaux, savoir : AB = BC, comme cordes soustendant des arcs égaux; angle A'AB = angle B'BC comme ayant pour mesure la moitié des arcs égaux AB, BC (théor. V, n° 75); angle A'BA = angle B'CB par la même raison. De plus ces triangles sont isocèles puisque les angles adjacents au côté AB, dans le premier, sont égaux. Le même raisonnement s'appliquant à tous les triangles analogues, on en conclut l'égalité de toutes les longueurs AA', A'B, BB', B'C, etc., et par suite l'égalité de tous les côtés du polygone circonscrit, qui sont doubles des longueurs précédentes. Quant aux angles du polygone, ils sont égaux par suite de l'égalité des triangles déjà considérés. Ainsi le polygone A′B′C′D′.... est régulier.

REMARQUE. — D'après ce théorème, le problème d'inscrire ou de circonscrire à un cercle un polygone régulier d'un certain nombre de côtés, se ramène à celui de partager la circonférence en ce nombre de parties égales.

Polygones réguliers semblables.

130. — **Théorème.** — *Deux polygones réguliers d'un même nombre de côtés sont semblables; leur rapport de similitude est égal au rapport des rayons et au rapport des apothèmes.*

Soient deux polygones réguliers d'un même nombre de côtés, ABCDEF, A′B′C′D′E′F′ (fig. 180).

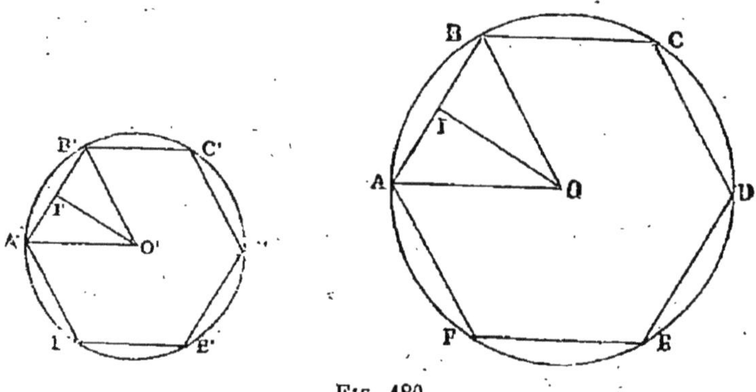

FIG. 180.

1° Leurs angles sont égaux : car la somme des angles est la même pour chacun, savoir, autant de fois deux droits que le polygone a de côtés, moins deux, et l'un des angles a pour valeur cette somme divisée par le nombre des angles de l'un des polygones.

Il est d'ailleurs évident que les côtés sont proportionnels, ou que

$$\frac{AB}{A'B'} = \frac{BC}{B'C'}, \text{ etc.,}$$

puisque tous ces rapports ont leurs numérateurs égaux et leurs dénominateurs égaux. Ainsi les polygones sont semblables.

2° Menons les rayons OA, OB, O'A', O'B'. Les triangles OAB, O'A'B' sont semblables comme ayant deux angles égaux, savoir : $OAB = O'A'B'$ comme moitiés des angles égaux FAB, F'A'B'; $OBA = O'B'A'$ par une raison semblable. Donc

$$\frac{AB}{A'B'} = \frac{OA}{O'A'},$$

ce qui montre que le rapport de similitude est égal à celui des rayons.

Ensuite abaissons les perpendiculaires OI, O'I' sur AB et A'B'. Les triangles OIA, O'I'A' sont semblables comme ayant deux angles égaux, savoir l'angle droit, et $OAI = O'A'I'$. Il en résulte

$$\frac{OA}{O'A'} = \frac{OI}{O'I'}$$

et, d'après la proportion précédente,

$$\frac{AB}{A'B'} = \frac{OI}{O'I'},$$

ce qui montre que le rapport de similitude est égal au rapport des apothèmes.

Corollaire. — *Les périmètres de deux polygones réguliers d'un même nombre de côtés sont entre eux comme les rayons, et aussi comme les apothèmes.*

Car le rapport des périmètres de deux polygones semblables est égal au rapport de similitude.

Remarque. — D'après ce théorème, quand on connaît le côté d'un polygone régulier inscrit à un cercle, ainsi que le rayon de ce cercle, il est facile de calculer le côté du polygone régulier d'un même nombre de côtés circonscrit au cercle.

En effet, on peut calculer l'apothème du premier polygone par la relation

$$\overline{OI}^2 = \overline{OA}^2 - \overline{AI}^2$$

(fig. 180). Ensuite l'apothème du polygone circonscrit étant le rayon du cercle, il y a proportion entre les côtés des polygones et les apothèmes, connus tous deux.

CHAPITRE II

INSCRIPTION DE QUELQUES POLYGONES RÉGULIERS

Carré et polygones dérivés du carré.

131. — Problème. — *Inscrire un carré à un cercle.*
Il suffit de mener deux diamètres rectangulaires AC, BD
(fig. 181), et de joindre leurs extrémités par des droites

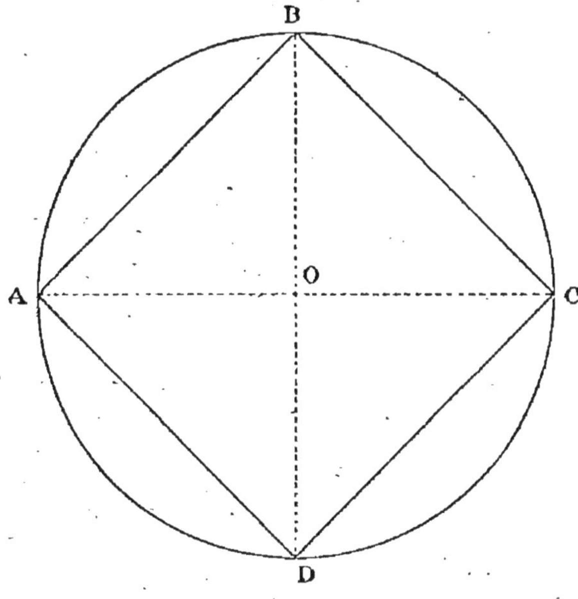

FIG. 181.

car ces diamètres partagent le cercle en quatre parties
égales.

COROLLAIRE I. — En partageant ensuite chaque quart de
la circonférence en deux parties égales, on partage la cir-

conférence en huit parties égales, ce qui conduit à l'inscription de l'octogone régulier AEBFCGDH (fig. 182). En continuant de même, on inscrit au cercle les polygones réguliers de 16, 32, 64.... et en général de 2^n côtés, quel que soit le nombre entier n.

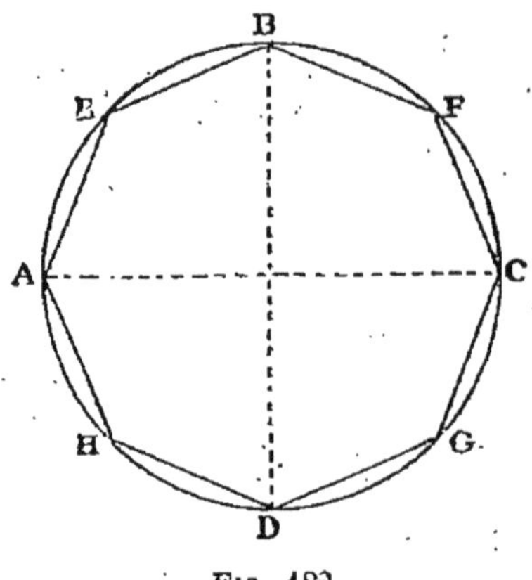

Fig. 182.

COROLLAIRE II. — Exprimons, au moyen du rayon R du cercle circonscrit, le côté et l'apothème du carré.

Le triangle rectangle OAB (fig. 181) donne

$$\overline{AB}^2 = \overline{OA}^2 + \overline{OB}^2,$$

ou, en remplaçant OA et OB chacun par R,

$$\overline{AB}^2 = R^2 \times 2.$$

Extrayons la racine carrée des deux membres, et rappelons-nous que la racine carrée du produit $R^2 \times 2$ est égal au produit des racines carrées des facteurs :

$$AB = R \sqrt{2}.$$

Ainsi *le côté du carré inscrit dans un cercle est égal au rayon multiplié par* $\sqrt{2}$.

Menons maintenant l'apothème OI (fig. 183). La manière la plus simple de trouver l'expression de cet apothème est de prolonger IO jusqu'à la rencontre de CD en K, puis d'observer que IK, double de l'apothème, et BC, sont égaux comme côtés opposés d'un rectangle. Donc :

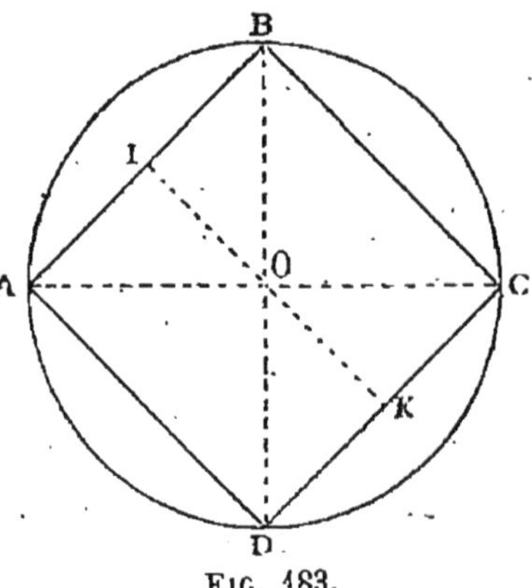

Fig. 183.

L'apothème du carré est la moitié du côté, soit $\dfrac{R\sqrt{2}}{2}$.

On peut encore calculer cet apothème en appliquant le théorème de Pythagore au triangle rectangle OIA :

$$\overline{OI}^2 = \overline{OA}^2 - \overline{AI}^2.$$

Mais $AI = \dfrac{AB}{2}$, et par suite $\overline{AI}^2 = \dfrac{\overline{AB}^2}{4}$.

Écrivons maintenant R à la place de OA, et $2R^2$ à la place de $\overline{AB}^2$:

$$\overline{OI}^2 = R^2 - \frac{2R^2}{4} = \frac{2R^2}{4},$$

et, en extrayant la racine carrée,

$$OI = \frac{R\sqrt{2}}{2}.$$

Pour calculer le côté de l'octogone inscrit, ainsi que des polygones suivants, nous commencerons par résoudre le problème suivant.

132. — **Problème II.** — *Étant donnés le rayon R d'un cercle et l'apothème r d'un polygone régulier inscrit, calculer le côté a′ et l'apothème r′ d'un polygone régulier inscrit au même cercle, et ayant deux fois plus de côtés que le premier.*

Soit AB (fig. 184) le côté du premier polygone. Menons le diamètre CE perpendiculaire à AB, puis la droite AC : celle-ci est le côté du second polygone, c'est-à-dire notre inconnue $a′$. Ache-

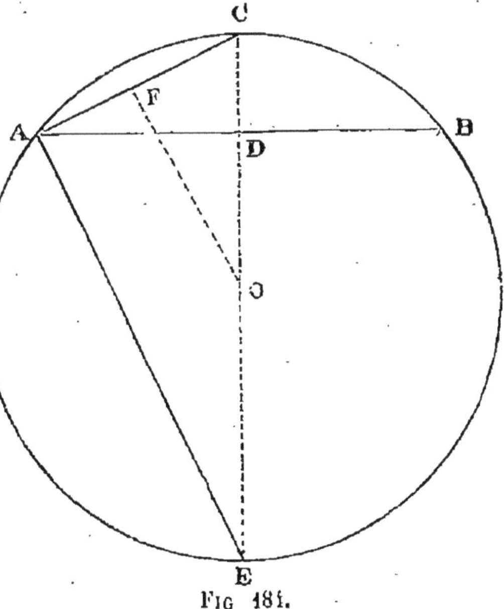

Fig 184.

vons le triangle CAE ; il est rectangle comme inscrit dans un demi-cercle. Donc $\overline{AC}^2 = CE \times CD$ (théor. I. n° 116, 3). Remplaçons CE par 2R, et CD, différence entre le rayon et l'apothème OD, par R — r,

$$a'^2 = 2R\,(R - r),\ (1)\quad\text{ou}\quad a' = \sqrt{2R\,(R - r)}.\quad (2)$$

Quant à l'apothème OF, désigné par r', il est la moitié de AE : car joignant les milieux de deux côtés CA, CE du triangle CAE, il vaut la moitié du troisième.

Or AE est moyenne proportionnelle entre EC et ED, c'est-à-dire entre 2R et R + r. D'où

$$AE = \sqrt{2R\,(R + r)}\qquad r' = \frac{1}{2}\sqrt{2R\,(R + r)}.\quad (3)$$

Les formules (2) et (3) résolvent le problème.

REMARQUE. — Si au lieu de donner l'apothème OD ou r du premier polygone, on donne son côté AB, que nous représenterons par a, on commence par calculer r en remarquant, comme nous l'avons déjà fait, que

$$r = \sqrt{R^2 - \overline{AD}^2} = \sqrt{R^2 - \frac{a^2}{4}}.$$

Application à l'octogone. — Pour calculer le côté a' et l'apothème r' de l'octogone régulier inscrit au cercle de rayon R, remplaçons dans les formules (1) et (3), r par l'apothème du carré, c'est-à-dire par $\dfrac{R\sqrt{2}}{2}$. Il vient :

$$a'^2 = 2R\left(R - \frac{R\sqrt{2}}{2}\right),\quad a'^2 = 2R^2 - R^2\sqrt{2},$$

ou, en mettant R^2 en facteur commun :

$$a'^2 = R^2\,(2 - \sqrt{2}),\quad a' = R\sqrt{2 - \sqrt{2}}.$$

et de même

$$r' = \frac{1}{2}R\sqrt{2 + \sqrt{2}}.$$

Pour calculer le facteur $\sqrt{2 - \sqrt{2}}$, on retranche de 2 la racine carrée 1,41421..., ce qui donne pour différence 0,58579 ; puis on extrait la racine carrée de cette différence, ce qui donne 0,765... C'est par ce nombre qu'il faut multiplier R pour obtenir le côté de l'octogone. Le calcul pour l'apothème est analogue.

Si l'on veut calculer le côté et l'apothème du polygone régulier de 16 côtés inscrit dans le cercle, on part de l'apothème r' de l'octogone. Le côté et l'apothème du polygone régulier de 16 côtés sont donnés alors par les formules

$$a'' = \sqrt{2R(R - r')},$$

$$r'' = \frac{1}{2}\sqrt{2R(R + r')}.$$

On passe de même aux polygones réguliers de 32, 64 côtés, etc.

Hexagone régulier et ses dérivés.

133. — Problème. — *Inscrire un hexagone régulier à un cercle.*

Supposons le problème résolu. Soit AB (fig. 185) le côté de l'hexagone régulier. Menons les rayons OA, OB. L'angle au centre O, ayant pour mesure $\frac{1}{6}$ de la circonférence, vaut $\frac{1}{6}$ de 4 angles droits, ou $\frac{2}{3}$ d'un droit. La somme des angles A et B du triangle OAB vaut donc 2 droits moins $\frac{2}{3}$ d'angle droit, c'est-à-dire $\frac{4}{3}$ d'angle droit. Or ces angles A et B sont égaux, puisqu'ils sont opposés à des côtés égaux, comme rayons du cercle. Chacun

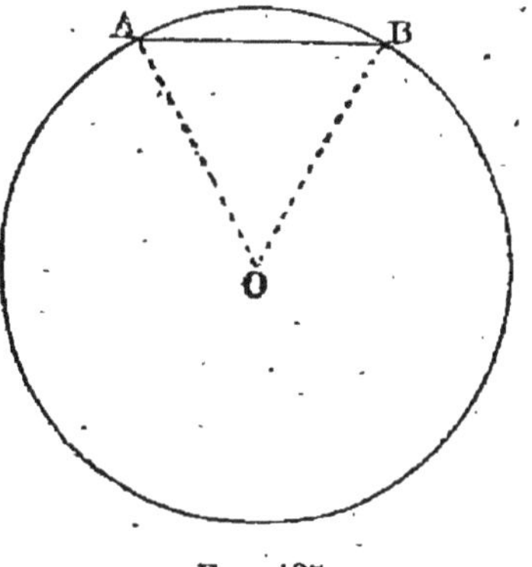

Fig. 185.

d'eux vaut donc $\frac{2}{3}$ d'angle droit comme l'angle O ; donc le triangle AOB est équiangle et par suite équilatéral. De là ce principe :

Le côté de l'hexagone régulier inscrit au cercle est égal au rayon.

Il suffit donc, pour inscrire l'hexagone régulier, de tracer 6 cordes consécutives égales au rayon.

COROLLAIRE I. — Après avoir inscrit au cercle l'hexagone régulier ABCDEF (fig. 186), en joignant les sommets de deux en deux, on obtient le triangle équilatéral inscrit ACE.

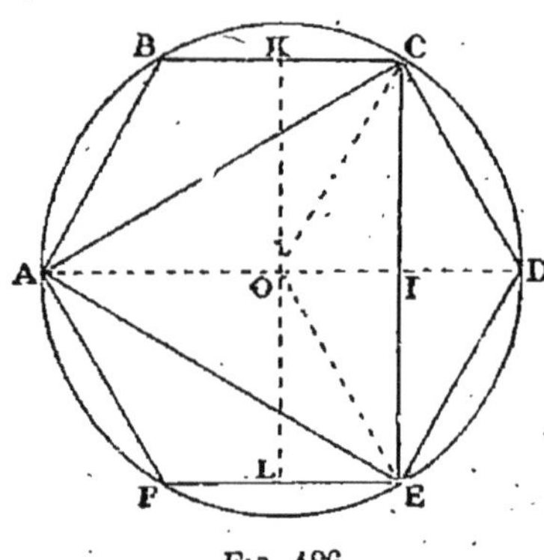

Fig. 186.

En partageant chaque 6ᵉ de la circonférence en deux parties égales, on partage la circonférence en 12 parties égales, ce qui conduit à inscrire le dodécagone régulier. En continuant de même, on inscrit les polygones réguliers de 24, 48.... et en général de 3×2^n côtés, quel que soit le nombre entier n.

COROLLAIRE II. — Calculons le côté du triangle équilatéral inscrit au cercle de rayon R.

Il suffit pour cela de mener le diamètre AD. Le triangle ACD est rectangle comme inscrit dans un demi-cercle. Donc

$$\overline{AC}^2 = \overline{AD}^2 - \overline{CD}^2.$$

Mais AD peut se remplacer par 2R, et $\overline{AD}^2$ par $4R^2$, $\overline{CD}^2$ par R^2. Il vient ainsi :

$$\overline{AC}^2 = 3R^2,$$
$$AC = R\sqrt{3}.$$

Ainsi *le côté du triangle équilatéral inscrit à un cercle est égal au rayon multiplié par* $\sqrt{3}$.

Évaluons maintenant l'apothème du triangle équilatéral. Pour cela menons les rayons OC, OE. Le quadrilatère OCDE, dont les quatre côtés sont égaux au rayon, est un losange, et ses diagonales se coupent au point I, en parties égales et à angle droit. Donc l'*apothème* OI *du triangle équilatéral est égal à la moitié du rayon du cercle circonscrit.*

Pour obtenir l'expression de l'apothème de l'hexagone régulier, menons par le centre la perpendiculaire KL sur les deux côtés parallèles BC, FE ; KL, double de l'apothème de l'hexagone, et CE côté du triangle équilatéral sont égaux comme côtés opposés du rectangle KCEL. Donc *l'apothème de l'hexagone régulier est la moitié du côté du triangle équilatéral inscrit dans le même cercle*, soit $\dfrac{R\sqrt{3}}{2}$.

On peut remarquer cette relation entre le triangle équilatéral et l'hexagone régulier inscrit au même cercle, savoir, que l'apothème de chacun de ces polygones est la moitié du côté de l'autre.

Passons au côté et à l'apothème du dodécagone régulier inscrit au cercle. Ils sont fournis par les formules (2) et (3) (n° 132), dès que nous y remplaçons r par l'apothème de l'hexagone, savoir $\dfrac{R\sqrt{3}}{2}$. Désignant alors par a' le côté demandé, nous avons :

$$a'^2 = 2R\left(R - \frac{R\sqrt{3}}{2}\right),$$
$$a'^2 = 2R^2 - R^2\sqrt{3}),$$
$$a'^2 = R^2\,(2 - \sqrt{3}),$$
$$a' = R\sqrt{2 - \sqrt{3}}.$$

De même

$$r' = \frac{1}{2}R\sqrt{2 + \sqrt{3}}.$$

On passe de même au côté et à l'apothème du polygone régulier de 24 côtés inscrit au même cercle, et ainsi de suite pour tous les polygones de 3×2^n côtés.

CHAPITRE III

MESURE DE LA CIRCONFÉRENCE

Rapport de la circonférence au diamètre.

134. — Théorème I. — *Le rapport d'une circonférence à son diamètre est un nombre constant.*

Soient deux circonférences C et C′, de rayons R et R′. Supposons qu'on y ait inscrit deux polygones réguliers d'un même nombre de côtés, et par conséquent semblables. Soient P et P′ les périmètres de ces polygones. D'après le théorème du n° 130,

$$\frac{P}{P'} = \frac{R}{R'} \cdot$$

Si l'on augmente indéfiniment le nombre des côtés des deux polygones, leurs périmètres tendent vers des limites déterminées (1), et ce sont ces limites qu'on appelle les longueurs des circonférences. La proportion précédente, qui a lieu quelque grand que soit le nombre des côtés, subsiste encore à la limite, c'est-à-dire que

$$\frac{C}{C'} = \frac{R}{R'} \cdot \tag{1}$$

On peut encore écrire, en multipliant par 2 les deux termes du second rapport :

$$\frac{C}{C'} = \frac{2R}{2R'} \cdot \tag{2}$$

1: On peut prouver que ces limites sont indépendantes de la loi suivant laquelle on fait croître le nombre des côtés.

ou, en intervertissant l'ordre des moyens :

$$\frac{C}{2R} = \frac{C'}{2R'} \cdot \qquad\qquad (3)$$

Cette dernière proportion exprime que le rapport d'une circonférence à son diamètre est le même que celui de toute autre circonférence à son diamètre : c'est ce qu'il fallait démontrer.

COROLLAIRE. — *Deux circonférences sont entre elles comme leurs rayons, ou comme leurs diamètres.*

C'est ce qu'expriment les proportions (1) et (2).

REMARQUE. — Le rapport de la circonférence au diamètre se représente ordinairement dans les calculs par la lettre grecque π.

Le nombre π est irrationnel. Sa valeur approchée est

$$\pi = 3,1415926536\ldots\ldots$$

Dans les cas les plus usuels, il suffit de prendre seulement quatre décimales, et d'admettre

$$\pi = 3,1416,$$

valeur approchée à moins de 0,00001 par excès.

Archimède a donné la valeur approchée $\frac{22}{7}$, qui est en erreur de moins de $\frac{1}{2}$ centième par excès.

Adrien Métius a donné la valeur approchée $\frac{355}{113}$, qui est en erreur de moins de 1 millionième par excès.

On retient facilement ce rapport ; il suffit d'écrire le nombre 113355, dont les chiffres sont les trois premiers chiffres impairs répétés chacun deux fois ; les trois derniers chiffres forment le numérateur, et les trois premiers le dénominateur.

Calcul du rapport de la circonférence au diamètre. — Pour calculer approximativement le nombre π, on peut considérer une circonférence de rayon donné, soit 1 mètre. On calcule le périmètre d'un certain polygone régulier inscrit dont le côté soit calculable, par exemple du carré (n° 131), puis, en partant de là, les périmètres successifs des polygones réguliers inscrits ayant 2, 4, 8,..... fois plus de côtés (n° 132). Supposons qu'on s'arrête à celui de 256 côtés par exemple. Son périmètre est plus petit que la circonférence, mais en diffère d'une petite quantité : en le divisant par le diamètre 2, on a donc une valeur de π approchée par défaut. Si l'on calcule ensuite le périmètre du polygone régulier du même nombre de côtés circonscrit à la circonférence (n° 130), ce périmètre est plus grand que la circonférence : en le divisant par le diamètre, on a donc une valeur de π approchée par excès. Les décimales communes à ces deux valeurs sont exactes.

Applications.

135. — Problème I. — *Connaissant le rayon d'un cercle, calculer sa circonférence.*

Soit R le rayon, C la circonférence. D'après le théorème précédent,

$$\frac{C}{2R} = \pi,$$

d'où
$$C = 2\pi R. \tag{4}$$

Il suffit donc, pour calculer la circonférence, de multiplier par π le double du rayon.

Exemple. — *Calculer la circonférence de $2^m,25$ de rayon.*

On multiplie le double du rayon $4^m,50$ par π, ou $3,1416$, et l'on obtient pour la circonférence demandée $14^m,137$.

136. — Problème II. — *Connaissant une circonférence, calculer son rayon.*

En divisant les deux membres de l'égalité (4) par 2π, on obtient :

$$R = \frac{C}{2\pi}. \tag{5}$$

Il suffit donc, pour calculer le rayon, de diviser la circonférence par le double de π.

Pour éviter la division par le nombre irrationnel 2π, on peut écrire la formule (5) sous la forme

$$R = \frac{C}{2} \times \frac{1}{\pi}. \tag{6}$$

Le nombre $\dfrac{1}{\pi}$, qu'il est bon de calculer une fois pour toutes par la division, a pour valeur :

$$\frac{1}{\pi} = 0,3183098\ldots\ldots$$

Par ce moyen la question se résoudra au moyen d'une multiplication.

EXEMPLE. — *Calculer le rayon du méridien terrestre, en admettant que ce méridien soit un cercle de 40 000 kilomètres de diamètre.*

Il suffit (formule 6) de multiplier la moitié de la circonférence, 20 000 kilomètres, par $\dfrac{1}{\pi}$, ou par 0,3183098, ce qui donne environ 6366$^{\text{kilom.}}$,2.

Le calcul serait beaucoup plus pénible en divisant la circonférence par le double de π.

137. — **Problème III**. — *Connaissant le rayon d'un cercle, calculer la longueur d'un arc donné en degrés.*

La longueur de la circonférence, représentant 360°, est $2\pi R$;

Celle d'un arc de 1° est $\dfrac{2\pi R}{360}$ ou $\dfrac{\pi R}{180}$;

Celle d'un arc de n degrés est donc $\dfrac{\pi R n}{180}$.

On peut donc écrire, en désignant par l la longueur demandée :

$$l = \frac{\pi R n}{180}. \tag{7}$$

REMARQUE I. — La formule (7) établit une relation entre les trois quantités l, R, n. Elle permet donc de calculer l'une d'entre elles quand on connaît les deux autres.

Supposons, par exemple, que l et R étant donnés, on demande n. Nous multiplions les deux membres de l'égalité (7) par 180, pour chasser le dénominateur :

$$180\,l = \pi n\,; \tag{8}$$

puis nous divisons les deux membres par πR, ce qui donne :

$$n = \frac{180l}{\pi R},$$

ou mieux :

$$n = \frac{180l}{R} \times \frac{1}{\pi} \cdot \tag{9}$$

Si l et n sont connues et qu'on demande R, nous déduisons de même de (8), en divisant par πn,

$$R = \frac{180l}{\pi n},$$

ou

$$R = \frac{180l}{n} \times \frac{1}{\pi} \cdot \tag{10}$$

REMARQUE. — Il est aisé de modifier les formules (7), (8), (9), (10), pour le cas où l'arc est exprimé en minutes et secondes au lieu de l'être en degrés. On considère la circonférence comme composée de 21 600 minutes, ou de 1 296 000 secondes, et l'on raisonne absolument de même.

Exercices sur le livre IV.

PROBLÈMES NUMÉRIQUES A RÉSOUDRE ET FORMULES A ÉTABLIR.

1. Calculer le côté et l'apothème du carré inscrit à un cercle de $3^m,20$ de rayon.

2. L'apothème d'un carré est de $0^m,75$: calculer le rayon du cercle circonscrit.

3. Calculer le côté et l'apothème de l'octogone régulier inscrit à un cercle de 4 mètres de rayon.

4. Calculer le côté et l'apothème du triangle équilatéral inscrit à un cercle de $0^m,25$ de rayon.

5. Calculer le rayon du cercle circonscrit au triangle équilatéral de
^{m},40 de côté.

6. Calculer le côté et l'apothème du dodécagone régulier inscrit au
cercle de 1^m,60 de côté.

7. Exprimer par une formule le rayon d'un cercle, connaissant le côté a
de l'un des polygones réguliers inscrits suivants : carré, octogone,
triangle, dodécagone.

8. Résoudre la même question, connaissant l'apothème r des mêmes
polygones.

9. Calculer le côté de chacun des polygones réguliers suivants circonscrits au cercle de rayon R : carré, octogone, triangle, hexagone, dodécagone.

10. Calculer la circonférence de 4^m,20 de rayon.

11. Calculer le rayon de la circonférence qui a 8^m,72 de longueur.

12. Dans un cercle de 8^m,35 de rayon, calculer la longueur de l'arc de
5° 32′ 24″.

13. Dans un cercle de 6^m,40 de rayon, calculer en degrés, minutes et
secondes l'arc de 5^m,62.

14. Calculer en degrés, minutes et secondes l'arc égal au rayon, dans
un cercle quelconque.

15. Calculer le rayon d'un cercle, sachant que l'arc de 49° 31′ a une
longueur de 12 mètres.

16. Calculer le rayon d'un cercle, sachant que l'arc de 120° surpasse
la corde de 0^m,50.

PROBLÈMES GRAPHIQUES ET THÉORÈMES.

17. Étant donné un carré, en retrancher quatre triangles rectangles
isocèles égaux de manière que la partie restante soit un octogone régulier.

18. Tracer trois cercles égaux tangents entre eux deux à deux, et tangents intérieurement à un cercle donné.

19. Si l'on construit sur chaque côté d'un hexagone régulier un carré
extérieur à l'hexagone, les 12 sommets de ces carrés situés en dehors de
l'hexagone sont ceux d'un dodécagone régulier.

20. Construire un octogone régulier étant donné le côté.

PORCHON. — Géométrie plane.   11

21. Si l'on décrit une circonférence ayant pour diamètre un rayon OA d'une autre circonférence, puis qu'on trace dans la plus grande un rayon quelconque OC qui coupe la plus petite en B, les arcs AB, AC sont égaux en longueur, et le premier a deux fois autant de degrés que le second.

22. On fait rouler sans glissement sur une circonférence une autre circonférence de rayon moitié moindre, et placée à l'intérieur de la première : quel est le lieu décrit par un point de la circonférence mobile ?

LIVRE V

MESURE DES AIRES

CHAPITRE PREMIER

AIRES POLYGONALES

Aire du rectangle.

138. — On entend par AIRE une surface limitée.

Deux aires superposables sont dites ÉGALES. Deux aires qui ont la même étendue sans être superposables sont dites ÉQUIVALENTES.

139. — **Théorème I.** — *Deux rectangles de même hauteur sont entre eux comme leurs bases.*

On appelle base d'un rectangle un côté quelconque; hauteur, un les côtés perpendiculaires à la base.

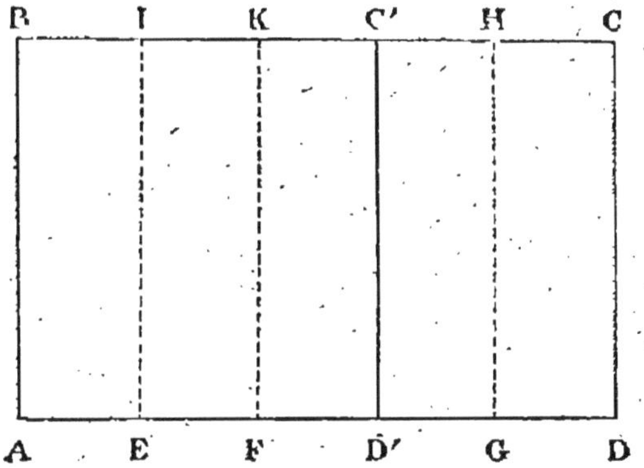

Soient deux rectangles ABCD, ABC'D' de même hauteur AB (fig. 87). Supposons que les bases aient une commune mesure contenue, par exemple,

FIG. 187.

5 fois dans la première, et 3 fois dans la seconde. D'après cela

$$\frac{AD}{AD'} = \frac{5}{3} \cdot$$

Par les points de division, menons des perpendiculaires à la base, EI, FK, GH. Le premier rectangle est partagé en 5, le second en 3 rectangles tous égaux entre eux, en sorte que si nous désignons les deux rectangles donnés par R et R',

$$\frac{R}{R'} = \frac{5}{3} \cdot$$

De ces deux égalités il résulte

$$\frac{R}{R'} = \frac{AD}{AD'},$$

ce qu'il fallait démontrer.

Nous admettons le théorème dans le cas où les bases n'ont pas de commune mesure.

Corollaire. — *Deux rectangles de même base sont entre eux comme leurs hauteurs.*

Cet énoncé rentre dans le précédent, puisqu'un côté quelconque peut être pris pour base.

140. — **Théorème II.** — *Deux rectangles sont entre eux comme les produits de leurs bases par leurs hauteurs.*

Soient deux rectangles R et R' ayant pour base et pour hauteur, le premier b et h, le second b' et h'. Imaginons un troisième rectangle R'' ayant pour base b' et pour hauteur h.

Les rectangles R et R'', ayant même hauteur, sont entre eux comme leurs bases :

$$\frac{R}{R''} = \frac{b}{b'} \cdot$$

Les rectangles R″ et R′, ayant même base, sont entre eux comme leurs hauteurs :

$$\frac{R''}{R'} = \frac{h}{h'} \cdot$$

Multiplions ces deux égalités membre à membre ; R″ disparaît comme facteur commun au numérateur et au dénominateur dans le premier membre, et l'on trouve :

$$\frac{R}{R'} = \frac{bh}{b'h'};$$

ce qu'il fallait démontrer.

141. — Théorème III. — *Si l'on prend pour unité de surface le carré fait sur l'unité de longueur, l'aire d'un rectangle a pour mesure le produit de sa base par sa hauteur.*

Soit un rectangle R de base b et de hauteur h. Désignons pour un instant par R′ le carré fait sur l'unité de longueur, par b' sa base et par h' sa hauteur, égales à l'unité. Nous venons de démontrer l'égalité

$$\frac{R}{R'} = \frac{b}{b'} \times \frac{h}{h'} \cdot$$

Mais R′ étant l'unité de surface, b' et h' l'unité de longueur, les rapports $\frac{R}{R'}$, $\frac{b}{b'}$ et $\frac{h}{h'}$, représentent respectivement les mesures de R, de b et de h. Ainsi :

mesure de R = mesure de b × mesure de h;

ce qu'il fallait démontrer.

Corollaire. — *L'aire d'un carré est égale au produit de son côté par lui-même.*

Ainsi le carré dont le côté est a a pour aire $a \times a$ ou a^2. C'est pour cette raison que la seconde puissance d'un nombre s'appelle en arithmétique son carré.

Aire du parallélogramme.

142. — Théorème. — *L'aire d'un parallélogramme a pour mesure le produit de la base par la hauteur.*

On appelle bases d'un parallélogramme deux côtés parallèles, et hauteur, la perpendiculaire abaissée d'un point de l'une des bases sur l'autre.

Soit le parallélogramme ABCD (fig. 188). Tout revient à

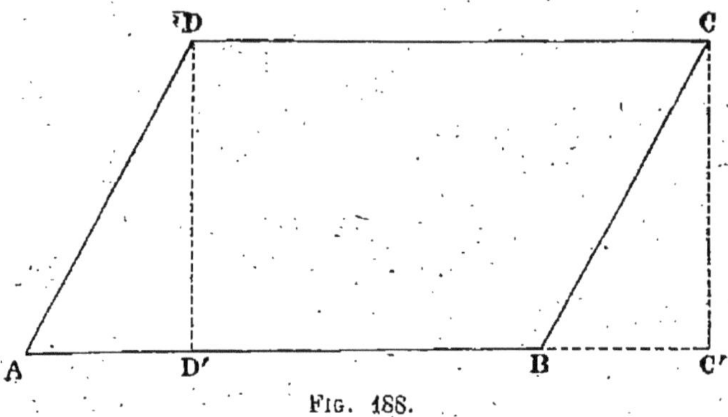

FIG. 188.

prouver qu'il est équivalent au rectangle CDD'C' de même base et de même hauteur. Or, les triangles ADD', BCC' sont égaux parce qu'ils ont un angle égal compris entre côtés égaux chacun à chacun, savoir : l'angle ADD' et l'angle BCC' égaux comme ayant leurs côtés parallèles et dirigés dans le même sens ; et les côtés qui comprennent ces angles, égaux chacun à chacun comme côtés opposés d'un parallélogramme ou d'un rectangle.

Si donc on retranche au parallélogramme le triangle ADD', et qu'on le remplace par le triangle égal BCC', on forme une figure équivalente au parallélogramme, et elle n'est autre que rectangle ; ce qu'il fallait démontrer.

Aire du triangle.

143. — Théorème. — *L'aire d'un triangle a pour mesure le produit de sa base par la moitié de sa hauteur.*

Rappelons qu'on appelle base d'un triangle un côté quelconque; hauteur, la perpendiculaire abaissée du sommet opposé sur la base ou sur son prolongement.

La question revient à démontrer qu'un triangle est la moitié d'un parallélogramme de même base et de même hauteur. Soit le triangle ABC (fig. 189) : formons le paral-

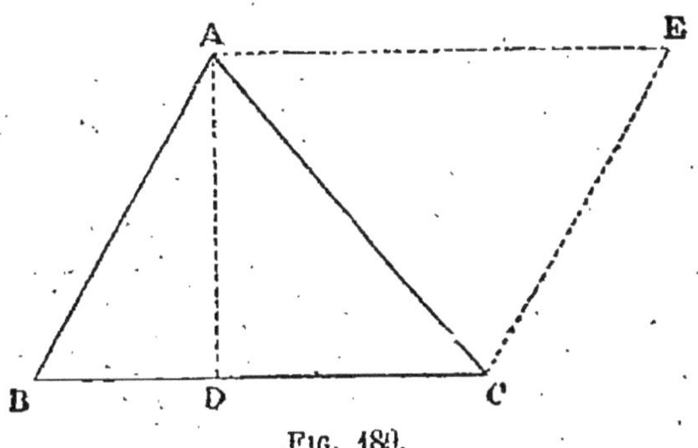

FIG. 189.

lélogramme ABCE, qui a même base BC et même hauteur AD. Le parallélogramme est formé des deux triangles égaux ABC, AEC. Le théorème est donc démontré.

COROLLAIRE I. — *Tous les triangles de même base et de même hauteur sont équivalents.*

En particulier, tous les triangles ABC, A'BC, A″BC qui ont une même base BC (fig. 190), et dont les sommets sont

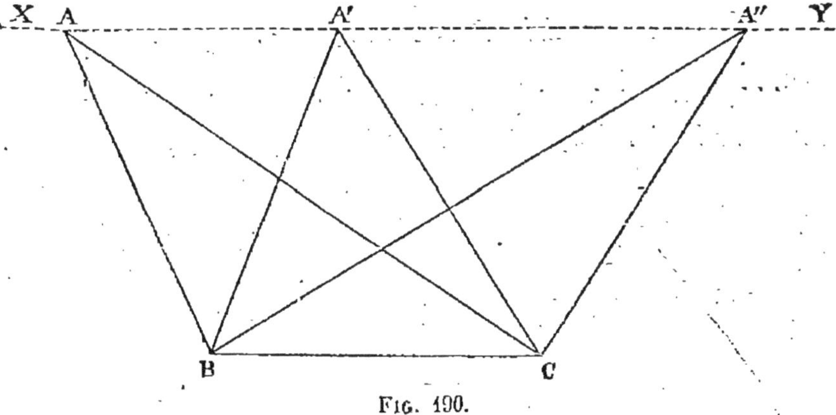

FIG. 190.

sur une même parallèle XY à la base, sont équivalents.

COROLLAIRE II. — *Deux triangles de même hauteur sont entre eux comme leurs bases; deux triangles de même base sont comme leurs hauteurs.*

Remarque. — Dès qu'on sait mesurer l'aire d'un triangle, on sait mesurer celle d'un polygone quelconque, puisqu'il peut se partager en triangles. Par exemple, pour évaluer l'aire d'un quadrilatère ABCD (fig. 191), on le décompose en deux triangles par la diagonale BD, et l'on abaisse sur BD les perpendiculaires AE, CF. L'aire demandée est égale à

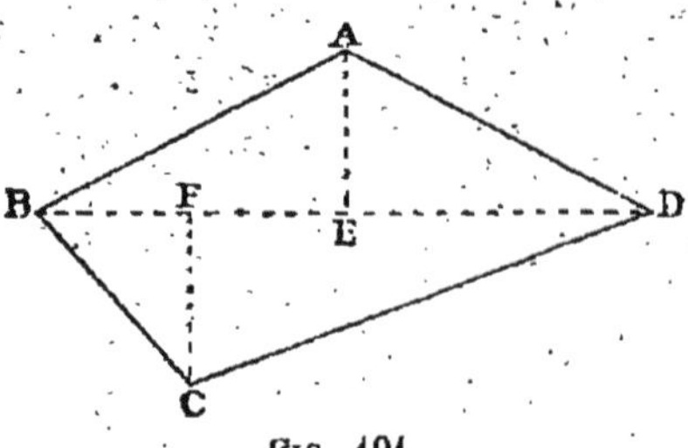

FIG. 191.

$$BD \times \frac{AE}{2} + BD \times \frac{CF}{2},$$

ou, en mettant BD en facteur commun, à

$$\frac{BD \times (AE + CF)}{2}.$$

De cette façon, le calcul n'exige qu'une seule multiplication, bien qu'il y ait deux triangles. Pour les polygones d'un plus grand nombre de côtés, on cherche par des moyens semblables à réduire autant que possible le nombre des multiplications.

Aire du trapèze.

144. — Théorème. — *L'aire d'un trapèze a pour mesure la demi-somme des bases multipliée par la hauteur.*

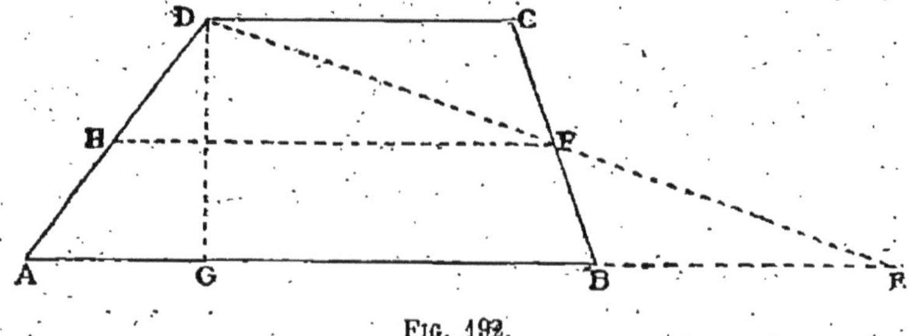

FIG. 192.

Soit le trapèze ABCD (fig. 192). Prolongeons la base AB d'une longueur BE égale à l'autre base, et menons la droite

DE, qui coupe BC au point F. Les triangles FBE, FCD sont égaux comme ayant un côté égal DC = BE, adjacent à des angles égaux chacun à chacun en vertu du parallélisme des bases. Si donc on retranche du trapèze le triangle FCD et qu'on le remplace par le triangle égal FBE, on obtient une aire équivalente, qui est le triangle DAE. Or celui-ci a pour mesure la moitié de la base AE, ou la demi-somme des bases du trapèze, multipliée par la hauteur DG du trapèze. Cette mesure est en même temps celle du trapèze.

REMARQUE. — D'après l'égalité des triangles FCD, FBE, le point F est à la fois le milieu de DE et de CB. Menons FH parallèle à BA, les triangles DHF, DAE sont semblables, et puisque DF est la moitié de DE, HF est aussi la moitié de AE, et DH la moitié de DA. D'où ce principe :

La droite qui joint les milieux des côtés non parallèles d'un trapèze est égale à la demi-somme des bases.

Aire d'un polygone régulier.

145. — Théorème. — *L'aire d'un polygone régulier a pour mesure le produit du périmètre par la moitié de l'apothème.*

Soit le polygone régulier ABCDEFGH (fig. 193). Décomposons-le en triangles au moyen de rayons. Chacun de ces triangles a pour mesure l'un des côtés du polygone, soit AB, multiplié par la moitié de l'apothème OI. En ajoutant tous ces triangles, et en mettant la moitié de l'apothème en facteur commun, on trouve pour l'aire du polygone :

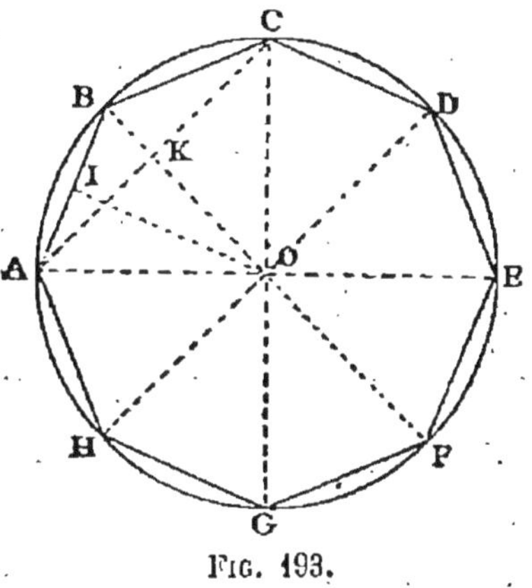

FIG. 193.

$$(AB + BC + CD, \text{ etc.....}) \times \frac{OI}{2},$$

c'est-à-dire le périmètre multiplié par la moitié de l'apothème.

Remarque. — Pour évaluer la surface du triangle OAB, on peut prendre pour base le rayon OB, et la hauteur AK est alors la moitié de la droite AC. L'aire de ce triangle est alors exprimée par $OB \times \dfrac{AC}{4}$; en multipliant ce produit par le nombre des côtés du polygone, on trouve encore l'aire demandée.

Application. — *Trouver l'aire d'un octogone régulier inscrit à un cercle de rayon donné.*

L'aire demandée est :

$$S = 8 . OB \times \frac{AC}{4},$$

ou, en remplaçant OB par R, et AC, qui est le côté du carré inscrit, par $R\sqrt{2}$:

$$S = 8R \times \frac{R\sqrt{2}}{4} = 2R^2\sqrt{2}.$$

Le calcul est plus simple de cette façon qu'en multiplia le périmètre par la moitié de l'apothème.

CHAPITRE II

AIRE DU CERCLE

146. — **Théorème I.** — *L'aire d'un polygone quel-conque circonscrit à un cercle a pour mesure le périmètre multiplié par la moitié du rayon.*

Soit le polygone ABCDEF (fig. 194) circonscrit au cercle. Décomposons-le en triangles par des droites menées du centre à tous les sommets. Chacun de ces triangles, tel que OAB, a pour mesure l'un des côtés AB multiplié par la moitié du rayon, puisque le rayon OG mené au point de contact est la hauteur.

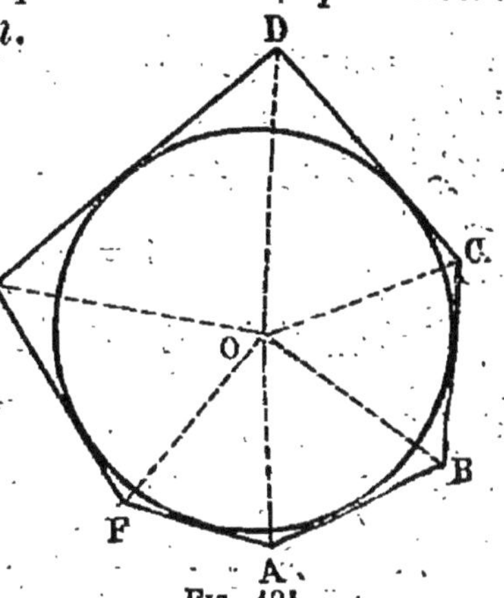

Fig. 194.

Ajoutons les expressions de tous ces triangles ; nous trouvons pour la surface du polygone :

$$S = AB \times \frac{R}{2} + BC \times \frac{R}{2} + CD \times \frac{R}{2}, \text{ etc.;}$$

et, en mettant la moitié du rayon, $\frac{R}{2}$, en facteur commun :

$$S = (AB + BC + CD.....) \times \frac{R}{2} .$$

147. — **Théorème II.** — *L'aire d'un cercle a pour me-sure la circonférence multipliée par la moitié du rayon.*

Nous entendons par l'aire du cercle la limite vers laquelle tend l'aire d'un polygone circonscrit, lorsque le nombre de ses côtés augmente indéfiniment. Or l'aire d'un polygone circonscrit est égal au périmètre multiplié par la moitié du rayon. Supposons que le nombre des côtés de ce polygone augmente indéfiniment : la limite du polygone ou l'aire du cercle a pour mesure la limite du périmètre, ou la circonférence, multipliée par la moitié du rayon.

Désignons le rayon par R; la circonférence s'exprime par $2\pi R$, et la surface du cercle est :

$$S = 2\pi R \times \frac{R}{2} = \pi R^2.$$

COROLLAIRE. — *Les surfaces de deux cercles sont entre elles comme les carrés de leurs rayons.*

Désignons par R et R' les rayons, par S et S' les surfaces :

$$S = \pi R^2, \qquad S' = \pi R'^2,$$

d'où. en divisant membre à membre.

$$\frac{S}{S'} = \frac{R^2}{R'^2}.$$

148. — Théorème III. — *L'aire d'un secteur circulaire a pour mesure l'arc multiplié par la moitié du rayon.*

Soit un secteur circulaire OAB (fig. 195). Formons un po-

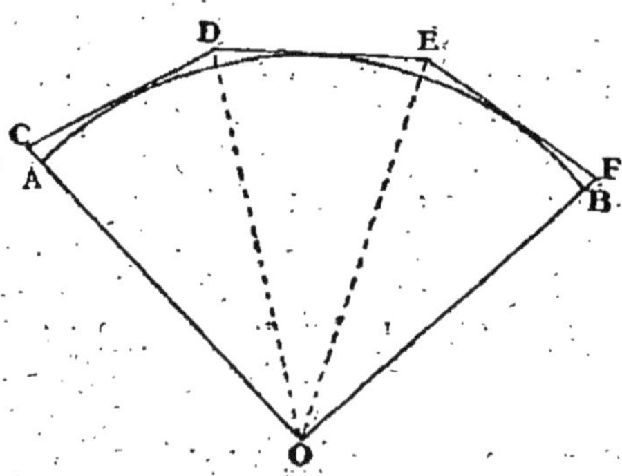

FIG. 195.

lygone terminé par les rayons OA, OB prolongés et par un

nombre quelconque de tangentes à l'arc, CD, DE, EF ; nous donnerons à ce polygone OCDEF le nom de *secteur polygonal* circonscrit au secteur circulaire. En le partageant en triangles au moyen des droites OD, OE, on voit comme au théorème I (n° 146) que l'aire du secteur polygonal a pour mesure la portion du périmètre formée par les tangentes, multipliée par la moitié du rayon, soit :

$$S = (CD + DE + EF) \times \frac{R}{2}.$$

Cela posé, augmentons indéfiniment le nombre des tangentes : le secteur polygonal a pour limite le secteur circulaire, et la portion du périmètre formée par les tangentes a pour limite l'arc du secteur. Donc, en passant à la limite, l'aire du secteur circulaire a pour mesure l'arc multiplié par la moitié du rayon.

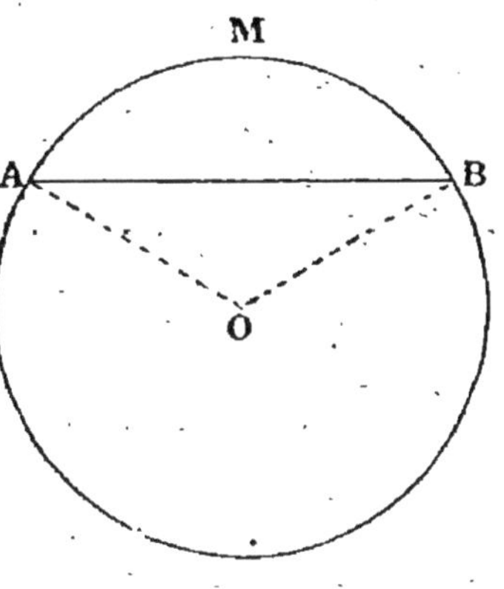

Fig. 196.

REMARQUE. — La mesure du secteur circulaire conduit à celle du segment circulaire.

Car le segment AMB (fig. 196) est la différence du secteur OAMB et du triangle OAB, que l'on sait mesurer l'un et l'autre.

CHAPITRE III

RAPPORT DES AIRES DES POLYGONES SEMBLABLES
EXTENSION DU THÉORÈME DE PYTHAGORE

Aires des polygones semblables.

149. — Théorème I. — *Les aires de deux triangles semblables sont entre elles comme les carrés de deux côtés homologues.*

Soient deux triangles semblables ABC, A′B′C′ (fig. 197).

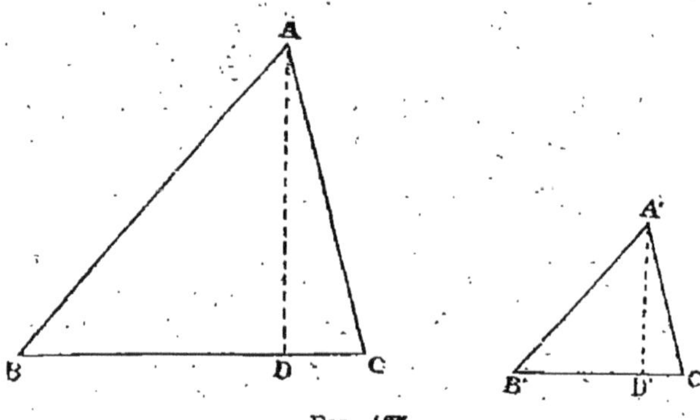

FIG. 197.

Commençons par évaluer leurs aires S et S′, AD et AD′ désignant les hauteurs :

$$S = \tfrac{1}{2} BC \times AD, \qquad S' = \tfrac{1}{2} B'C' \times A'D',$$

et en divisant membre à membre :

$$\frac{S}{S'} = \frac{\tfrac{1}{2} BC \times AD}{\tfrac{1}{2} B'C' \times A'D'} .$$

Le second membre ne change pas de valeur si l'on multiplie les deux termes par 2, et peut s'écrire sous la forme d'un produit de deux rapports :

$$\frac{S}{S'} = \frac{BC}{B'C'} \times \frac{AD}{A'D'}. \tag{1}$$

Mais les triangles ABD, A'B'D' sont semblables comme ayant deux angles égaux, savoir l'angle droit et B = B'. Donc :

$$\frac{AD}{A'D'} = \frac{AB}{A'B'}.$$

D'ailleurs, le rapport $\frac{AB}{A'B'}$ est égal lui-même à $\frac{BC}{B'C'}$, puisque les triangles donnés sont semblables. Ainsi

$$\frac{AD}{A'D'} = \frac{BC}{B'C'}.$$

Remplaçons $\frac{AD}{A'D'}$ par cette valeur dans l'égalité (1) :

$$\frac{S}{S'} = \frac{BC}{B'C'} \times \frac{BC}{B'C'} = \frac{\overline{BC}^2}{\overline{B'C'}^2};$$

ce qu'il fallait démontrer.

Corollaire. — *Le rapport des hauteurs de deux triangles semblables est égal à celui de deux côtés homologues.*

150. — **Théorème II**. — *Les aires de deux polygones semblables sont entre elles comme les carrés de deux côtés homologues.*

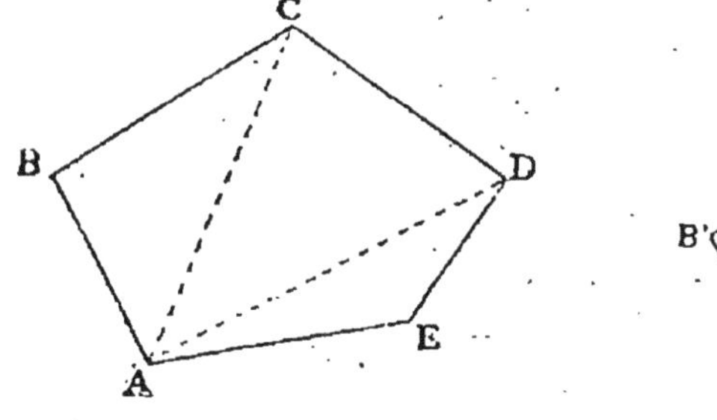
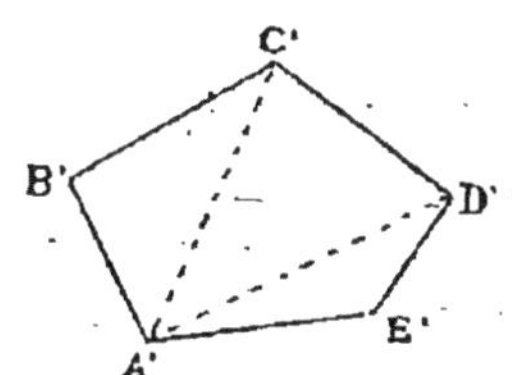

Fig. 198.

Soient deux polygones semblables (fig. 198) ABCDE,

A'B'C'D'E'. Partageons-les en triangles semblables par les diagonales AC, AD, A'C', A'D'. D'après le théorème précédent,

$$\frac{\text{triangle ABC}}{\text{triangle A'B'C'}} = \frac{\overline{BC}^2}{\overline{B'C'}^2}, \qquad \frac{\text{triangle ACD}}{\text{triangle A'C'D'}} = \frac{\overline{CD}^2}{\overline{C'D'}^2},$$

$$\frac{\text{triangle ADE}}{\text{triangle A'D'E'}} = \frac{\overline{DE}^2}{\overline{D'E'}^2}.$$

Mais les seconds membres de ces égalités sont égaux ; car, d'après la similitude des polygones,

$$\frac{BC}{B'C'} = \frac{CD}{C'D'} = \frac{DE}{D'E'},$$

d'où, en élevant au carré ces rapports égaux,

$$\frac{\overline{BC}^2}{\overline{B'C'}^2} = \frac{\overline{CD}^2}{\overline{C'D'}^2} = \frac{\overline{DE}^2}{\overline{D'E'}^2}.$$

Les premiers membres, c'est-à-dire les rapports des triangles, sont donc aussi égaux. Ajoutons terme à terme ces rapports égaux, nous obtenons un rapport égal à chacun d'eux (1) :

$$\frac{\text{triangle ABC} + \text{triangle ACD} + \text{triangle ADE}}{\text{triangle A'B'C'} + \text{triangle A'C'D'} + \text{triangle A'D'E'}} = \frac{\overline{BC}^2}{\overline{B'C'}^2},$$

ou enfin :

$$\frac{\text{polygone ABCDE}}{\text{polygone A'B'C'D'E'}} = \frac{\overline{BC}^2}{\overline{B'C'}^2}.$$

Corollaire I. — On peut encore exprimer ainsi ce théorème :

Le rapport des aires de deux polygones semblables est égal au carré du rapport de similitude.

Corollaire II. — *Les aires de deux polygones réguliers*

(1) Voy. *Éléments d'arithmétique*, n° 239.

semblables sont entre elles comme les carrés des rayons, et aussi des apothèmes.

CoROLLAIRE III. — *Les aires de deux cercles sont entre elles comme les carrés des rayons.*

Ce principe, déjà démontré (n° 147), est une conséquence du corollaire précédent, puisque deux cercles sont les limites vers lesquelles tendent deux polygones réguliers inscrits ou circonscrits, d'un même nombre de côtés, lorsque le nombre de ces côtés croît indéfiniment.

Nouvelle démonstration et extension du théorème de Pythagore.

151. — **Théorème**. — *Si trois polygones semblables ont pour côtés homologues les trois côtés d'un triangle rectangle, celui qui est construit sur l'hypoténuse a une aire équivalente à la somme des deux autres.*

Soit le triangle ABC, rectangle en A (fig. 199). Abaissons la perpendiculaire AD sur l'hypoténuse. Nous savons (n° 116) qu'elle partage le triangle en deux triangles semblables au triangle proposé et semblables entre eux. Pour plus de clarté, traçons séparément ces trois triangles

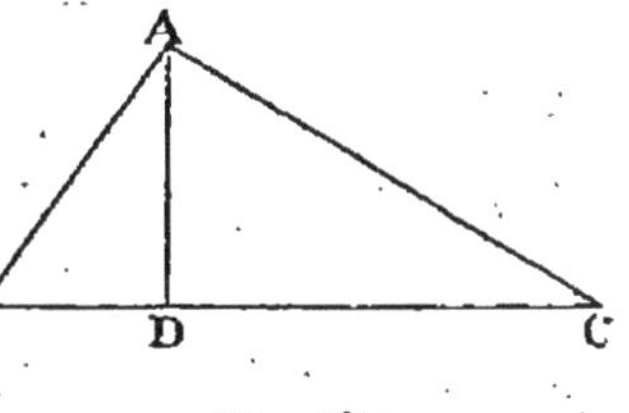

Fig. 199.

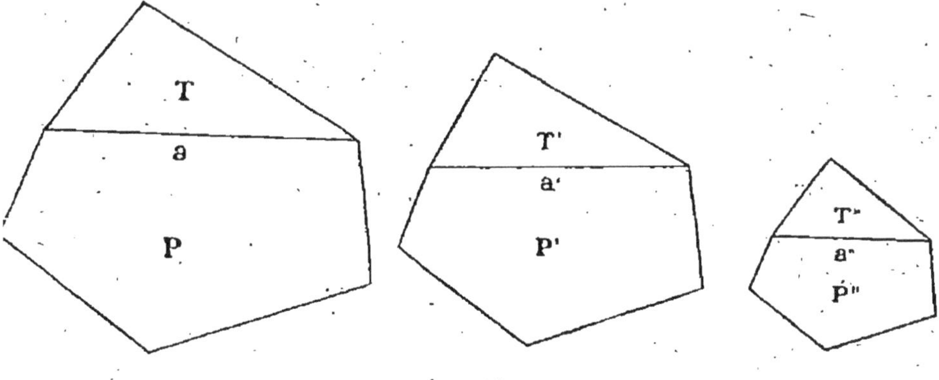

Fig. 200.

(fig. 200); appelons le triangle total T, les deux triangles partiels T', T'', et leurs hypoténuses a, a', a''. Faisons sur a, a', a'' trois polygones semblables que nous désignerons par P, P', P''. D'après les théorèmes I et II (n° 149 et 150),

$$\frac{T}{a^2} = \frac{T'}{a'^2} = \frac{T''}{a''^2},$$

et

$$\frac{P}{a^2} = \frac{P'}{a'^2} = \frac{P'}{a''^2},$$

d'où, en divisant membre à membre,

$$\frac{T}{P} = \frac{T'}{P'} = \frac{T''}{P''}.$$

Ajoutons terme à terme les deux derniers rapports :

$$\frac{T}{P} = \frac{T' + T''}{P' + P''}.$$

Mais dans cette proposition les numérateurs sont égaux, puisque le triangle T est la somme de ses deux parties T', T''. Donc, les dénominateurs le sont aussi :

$$P = P' + P'';$$

ce qu'il fallait démontrer.

CorOLLAIRE. — Si les polygones P, P', P'' sont trois carrés, nous trouvons, comme cas particulier du théorème précédent, ce principe :

Le carré fait sur l'hypoténuse d'un triangle rectangle est égal à la somme des carrés faits sur les deux côtés de l'angle droit.

En exprimant les surfaces de ces carrés suivant la règle connue, nous trouvons l'égalité

$$\overline{BC}^2 = \overline{AB}^2 + \overline{AC}^2,$$

déjà démontrée (n° 117).

CHAPITRE IV

PROBLÈMES GRAPHIQUES SUR LES AIRES

——

152. — Problème I. — *Faire un carré équivalent à un rectangle.*

Soit b et h (fig. 201) la base et la hauteur du rectangle

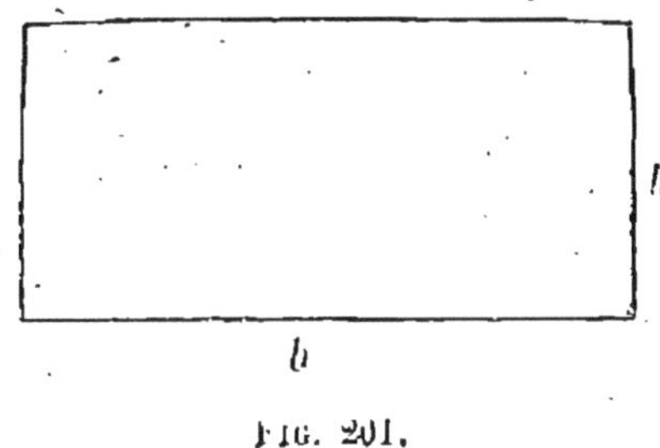

Fig. 201.

donné, x le côté du carré demandé. Il faut que l'on ait :

$$x^2 = bh.$$

Donc, x est moyenne proportionnelle entre b et h, ce qui résout la question.

Remarque. — De même pour faire un carré équivalent à un triangle, il suffit de faire un carré sur la moyenne proportionnelle entre la base et la moitié de la hauteur.

153. — Problème II. — *Faire sur une base donnée un rectangle équivalent à un rectangle donné.*

Soit b la base, h la hauteur du rectangle donné, b' la base du rectangle demandé (fig. 202). Désignons par x la hauteur demandée :

$$bh = b'x, \quad \text{d'où} \quad \frac{b'}{b} = \frac{h}{x}.$$

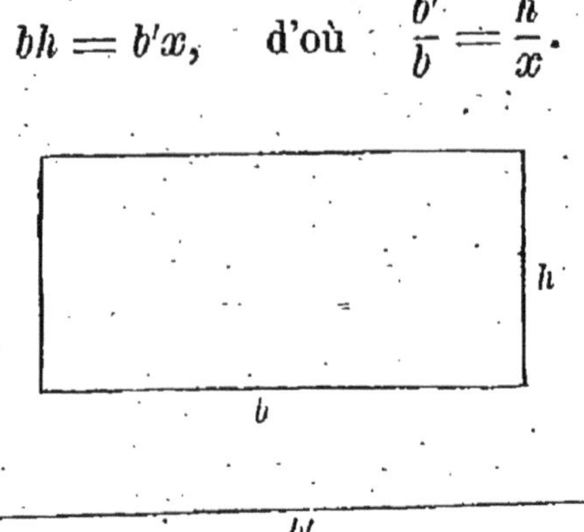

Fig. 202.

Ainsi x est la quatrième proportionnelle à b', b, h.

154. — **Problème III.** — *Faire un triangle équivalent à un polygone donné.*

Soit ABCDE le polygone donné (fig. 203). Menons la diagonale DB, puis, par le point C, la parallèle CF à cette diagonale, jusqu'à la rencontre de AB prolongé, et enfin la droite DF. Les triangles DCB, DFB sont équivalents comme ayant même base DB, et leurs sommets sur une même parallèle à la base. Si donc on retranche du polygone le triangle DCB, et qu'on ajoute à la place DFB, on forme

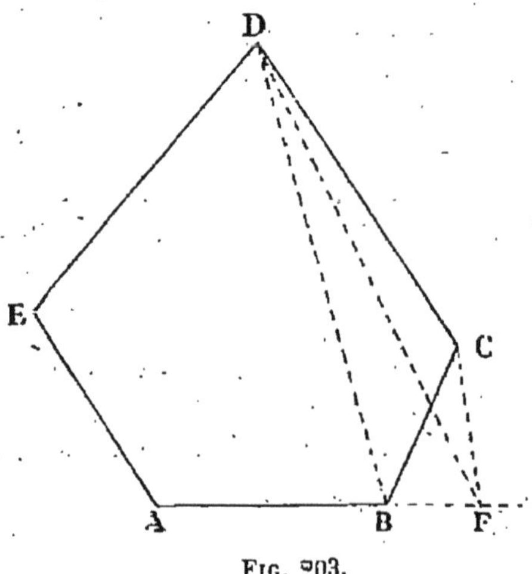

Fig. 203.

un polygone AFDE équivalent au polygone proposé, mais ayant un côté de moins. En répétant un certain nombre de fois la même construction, on forme un triangle équivalent au polygone.

REMARQUE. — On peut, en partant de là, faire un carré équivalent à un polygone (n° 152, *Remarque*).

155. — **Problème IV.** — *Faire un carré équivalent à la somme de deux carrés.*

Soit à faire un carré équivalent à la somme des deux carrés ayant a et b pour côtés. On porte sur les côtés d'un angle droit les deux longueurs OA $= a$, OB $= b$ (fig. 204). On mène la droite AB; c'est le côté du carré demandé (n° 151).

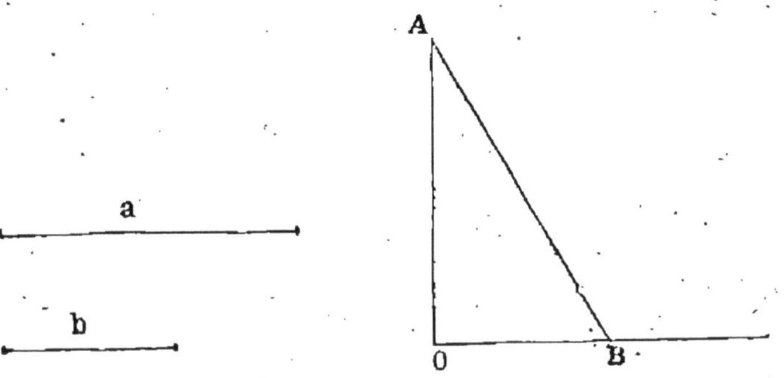

Fig. 204.

REMARQUE. — En répétant plusieurs fois la même con-struction, on parvient à un carré équivalent à la somme de plusieurs car-rés donnés : il suffit de faire un carré équiva-lent à la somme des deux premiers, puis un autre équivalent à la somme de celui-ci et du troisième, et ainsi de suite.

CAS PARTICULIER. — *Faire un carré double d'un carré donné.*

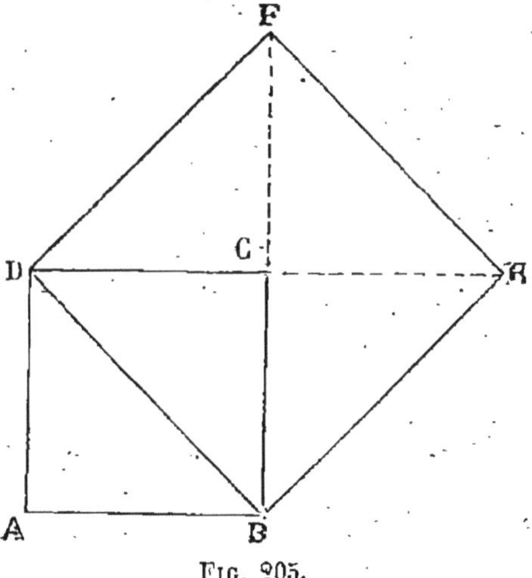

Fig. 205.

C'est le cas où a et b sont égaux. La construction pré-cédente se réduit alors à faire un carré DBEF (fig. 205) sur la diagonale BD du carré donné ABCD.

Pour obtenir le carré BEDF, il suffit de prolonger les côtés BC et DC des longueurs CF, CE égales à eux-mêmes, et de mener BE, EF, FD. On voit ainsi que le carré ABCD a pour côté la moitié de la diagonale du carré double. En résumé :

Le carré double d'un carré donné a pour côté la diagonale du premier.

Le carré moitié d'un carré donné a pour côté la moitié de la diagonale du premier.

156. — **Problème V.** — *Faire un carré équivalent à la différence de deux carrés donnés.*

Soient a et b les côtés de ces carrés. Il suffit de construire un triangle rectangle ayant a pour hypoténuse et b pour un des côtés de l'angle droit. Pour cela, sur un des côtés d'un angle droit, on porte une longueur OB $= b$ (fig. 206),

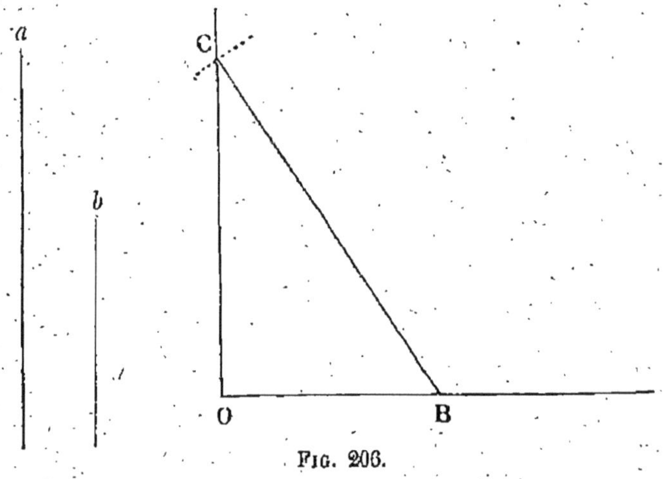

Fig. 206.

et du point B comme centre, avec a pour rayon, on décrit un arc de cercle coupant l'autre côté de l'angle droit en C. Le triangle OBC satisfait aux conditions, et OC est le côté du carré demandé.

157. — **Problème VI.** — *Étant donnés deux polygones semblables, faire un polygone semblable à chacun d'eux, et équivalent à leur somme ou à leur différence.*

Soient *a* et *b* deux côtés homologues des deux polygones donnés : il suffit de construire le côté homologue du polygone demandé, et la question sera ramenée au problème n° 115. Or la construction de ce côté est absolument la même que si les polygones sont des carrés (n° 151), et est indiquée aux deux numéros précédents.

Exercices sur le livre V.

PROBLÈMES NUMÉRIQUES A RÉSOUDRE ET FORMULES A ÉTABLIR.

1. Calculer l'aire d'un champ rectangulaire qui a $158^m,5$ de base et $72^m,4$ de hauteur; trouver le prix de ce champ, à raison de 1800 francs l'hectare.

2. Un rectangle a une surface de $557^{m.q.},48$, sa base est de $32^m,4$; trouver sa hauteur.

3. Calculer l'aire d'un triangle isocèle, connaissant sa base 32 mètres, et l'un des côtés égaux 48 mètres.

4. Exprimer l'aire d'un triangle équilatéral, connaissant 1° son côté *a*; 2° sa hauteur *h*.

5. Quel est le côté d'un triangle équilatéral dont l'aire est de 15 mètres carrés?

6. L'aire d'un trapèze est de 45 mètres carrés, sa hauteur a 5 mètres, et l'une de ses bases 8 mètres : quelle est l'autre base?

7. Calculer l'aire d'un trapèze rectangle, sachant que l'un des angles obliques est de 60°, que la plus grande base a 14 mètres et la hauteur 6 mètres.

8. Calculer l'aire d'un losange dont l'un des angles a 45° et dont le côté a 1 mètre.

9. Deux polygones semblables ont deux côtés homologues de 5 mètres et de 7 mètres respectivement; l'aire du premier est de 28 mètres carrés : calculer l'aire du second.

10. Deux polygones semblables ont respectivement pour aire 28 mètres carrés et 175 mètres carrés; l'un des côtés du premier a $3^m,80$: calculer le côté homologue du second.

11. Deux triangles équilatéraux ont respectivement 9 mètres et 12 mètres de côté : calculer le côté d'un triangle équilatéral dont l'aire soit égale à leur somme, — à leur différence.

12. Calculer l'aire d'un trapèze, connaissant les aires P^2 et Q^2 des deux triangles ayant pour bases celles du trapèze, et pour sommet commun le point de rencontre des diagonales.

13. Calculer l'aire du triangle équilatéral inscrit au cercle de 4 mètres de rayon.

14. Exprimer l'aire de chacun des polygones réguliers suivants : 1° inscrits; 2° circonscrits au cercle de rayon R : carré, octogone, triangle, hexagone, dodécagone.

15. Calculer le rayon d'un cercle, sachant que l'aire du dodécagone inscrit est de 5 mètres carrés.

16. Calculer le rayon d'un cercle, sachant que la différence entre les aires du carré et de l'octogone régulier inscrit est de 1 mètre carré.

17. Calculer l'aire du cercle de $1^m,45$ de rayon.

18. Calculer le rayon du cercle dont l'aire est de $8^{m.q.},72$.

19. Calculer le rayon d'un cercle égal 1° à la somme, 2° à la différence de deux cercles ayant respectivement 15 mètres et 8 mètres de rayon.

20. Calculer l'aire d'un secteur dont le rayon a 7 mètres et l'arc $12°20'$.

21. Calculer l'aire comprise entre l'arc de 60° et sa corde dans le cercle de 2 mètres de rayon.

22. Calculer le rayon d'un cercle, connaissant l'aire A comprise entre la circonférence et le périmètre de l'hexagone régulier circonscrit.

PROBLÈMES GRAPHIQUES ET THÉORÈMES.

23. Si l'on forme trois triangles ayant pour sommet un point quelconque et pour bases respectivement deux côtés d'un parallélogramme et la diagonale issue de leur point de rencontre, le troisième est égal à la somme ou à la différence des deux autres.

24. L'aire d'un trapèze a pour mesure l'un des côtés non parallèles multiplié par la perpendiculaire abaissée du milieu du côté opposé sur celui-ci.

25. Si l'on joint le centre de gravité (ou point de concours des médianes) d'un triangle aux trois sommets, on le partage en trois triangles équivalents.

26. Partager un triangle en deux parties équivalentes par une parallèle à la base, — en un nombre donné de parties équivalentes par des parallèles à la base.

27. Partager un cercle en un nombre donné de parties équivalentes par des circonférences concentriques.

28. Construire un polygone semblable à un polygone donné, et équivalent à un autre polygone donné.

29. Tout parallélogramme circonscrit à un cercle est un losange, le quadrilatère ayant pour sommets les points de contact est un rectangle, et le produit des aires de ce losange et de ce rectangle est constant

30. Si l'on partage chacun des côtés d'un carré en un même nombre de parties égales, que par les points de division on mène des perpendiculaires à ce côté, et qu'on inscrive un cercle à chacun des carrés dans lesquels la figure est partagée, la somme de tous ces cercles est constante quel que soit le nombre des divisions.

31. Étant donné un quadrilatère ABCD, trouver dans l'intérieur un point S tel que, si on le joint à tous les sommets, les aires des quatre triangles ainsi formés soient égales deux à deux, c'est-à-dire que $ASB = CSD$, et $ASD = BSC$.

32. Par les extrémités d'une droite AB, et d'un même côté de cette droite, on lui élève des perpendiculaires AC, BD telle que l'aire du trapèze ABCD ait une valeur constante donnée. Du milieu E de la droite AB, on abaisse une perpendiculaire EM sur la droite CD. Trouver le lieu décrit par le pied M de cette perpendiculaire, quand on fait varier les longueurs des perpendiculaires AC, BD. — Même problème quand les lignes AC, BD, au lieu d'être perpendiculaires à AB, sont parallèles à une droite fixe donnée.

33. Deux triangles qui ont un angle égal ou supplémentaire sont entre eux comme les produits des côtés qui comprennent cet angle. — En déduire que deux triangles semblables sont entre eux comme les carrés de deux côtés homologues.

34. Deux parallélogrammes dont les diagonales se coupent sous le même angle sont entre eux comme les produits de leurs diagonales.

35. Partager un triangle en deux parties équivalentes au moyen d'une parallèle à une direction donnée.

36. Construire un carré équivalent à un polygone régulier.

37. La somme des perpendiculaires abaissées d'un point quelconque intérieur à un polygone régulier sur tous les côtés, est constante.

EXERCICES.

38. Du centre d'un hexagone régulier on abaisse des perpendiculaires sur trois côtés non consécutifs : quelle longueur faut-il porter à partir du centre sur ces trois perpendiculaires pour que le triangle équilatéral ayant leurs extrémités pour sommets soit équivalent à l'hexagone ?

39. L'aire comprise entre deux circonférences concentriques est équivalente au cercle qui a pour diamètre la corde de la plus grande tangente à la plus petite.

40. Si l'on circonscrit un demi-cercle à un triangle rectangle, et qu'on décrive sur chacun des côtés de l'angle droit un demi-cercle extérieur au triangle, la somme des deux croissants formés par les trois demi-circonférences est équivalente au triangle rectangle.

41. Si l'on inscrit respectivement un cercle à un triangle rectangle, et à chacun des triangles dans lesquels il est partagé par la hauteur abaissée sur l'hypoténuse, le premier de ces cercles est égal à la différence des deux autres.

42. Le diamètre AB d'un cercle étant partagé en cinq parties égales, aux points C, D, E, F, si l'on décrit, d'un même côté du diamètre, des circonférences sur AC, AD, AE, AF comme diamètres, et, de l'autre côté, des demi-circonférences sur BF, BE, BD, BC comme diamètres, les courbes formées par ces demi-circonférences assemblées deux à deux partagent le cercle en cinq parties équivalentes.

43. On prolonge, dans le même sens, chaque côté d'un triangle équilatéral d'une longueur égale à lui-même : démontrer que les extrémités de ces prolongements sont les sommets d'un second triangle équilatéral, et trouver le rapport des surfaces de ces deux triangles.

FIN DE LA PREMIÈRE PARTIE.

TABLE DES MATIÈRES

LIVRE PREMIER

LA LIGNE DROITE

LIVRE II

LE CERCLE

LIVRE III

LIGNES PROPORTIONNELLES. SIMILITUDE

LIVRE IV

DES POLYGONES RÉGULIERS ET DE LA CIRCONFÉRENCE

LIVRE V

MESURE DES AIRES

Nota. Les passages marqués de l'astérisque (*) pourront être omis dans une première étude.

FIN DE LA TABLE DES MATIÈRES.

Éléments d'arithmétique. 1 vol. in-12, avec
exercices et problèmes, 6ᵉ édit. cart·.................... 2 fr.

L'arithmétique, entre les mains de certains professeurs, revêt souvent -
aujourd'hui des formes abstraites et emprunte les procédés de l'algèbre.
L'auteur de nos *Éléments* réagit contre cette tendance et conserve à la
science des nombres sa physionomie propre. Il démontre les théorèmes
non pas toujours par les voies les plus courtes, mais par celles qui s'offrent
le plus naturellement à l'esprit et par suite, sont les plus faciles à com-
prendre. Ainsi, pour prouver qu'on multiplie un nombre par 108 en le
multipliant successivement par 3, par 4 et par 9, il ne juge pas à propos
d'intervertir l'ordre des facteurs, inversion qui est un pur artifice.

La théorie *des opérations sur les nombres entiers*, et notamment *de la
division*, l'exposé des théorèmes qui s'y rattachent et des *caractères de
divisibilité*, sont réduits à leur maximum de simplicité.

*Le plus grand commun diviseur et le plus petit commun multiple des
nombre entiers* sont traités indépendamment des nombres premiers,
comme paraît le demander le programme. Mais cette théorie, qui sera
probablement jugée trop difficile dans beaucoup de classes, peut être
supprimée, sauf les théorèmes fondamentaux sur le plus grand commun
diviseur des nombres; d'autres méthodes sont indiquées à propos
des facteurs premiers. La théorie même des *nombres premiers* est réduite
aux propriétés essentielles, comme il convient dans un cours élémentaire. Viennent ensuite les fractions et l'application des notions précédentes à leur calcul.

La question de la *racine carrée* est présentée avec toute la simplicité
possible et dépouillée de l'appareil un peu rébarbatif qu'elle revêt dans
les classes de mathématiques proprement dites.

Enfin, pour ne rien omettre de ce qui constitue un cours d'arithmétique pratique, on a joint la *revision du système métrique, les proportions, la méthode de réduction à l'unité et les applications aux problèmes
usuels* y compris *l'intérêt et l'escompte.*

Éléments d'algèbre. 1 vol. in-12, avec figures dans
le texte, 3ᵉ édit., cartonné..................... 2 fr. 50

Ces *Éléments d'algèbre* sont rédigés de manière à familiariser les
élèves avec le calcul des quantités littérales par le moyen d'applications
numériques. Sauf quelques passages faciles à élaguer, les premiers
chapitres, traitant du calcul algébrique, conviennent aux élèves de troisième.

Les *quantités négatives* sont étudiées comme représentant des solutions
ou des données.

Dans tout le cours de l'ouvrage, des problèmes numériques sont
traités avant les types généraux; cette marche a été suivie spécialement
pour les équations du premier degré. On n'en a pas moins, suivant les
indications du programme, discuté les problèmes les plus importants.

Éléments de géométrie. 1 vol. in-12, avec figures dans le texte, cartonné................................. **3 fr. 50**

On vend séparément :

Géométrie plane. 1 vol. in-12, cart..................... 2 fr. 50
Géométrie de l'espace. 1 vol. in-12, cart................ 1 fr. 25

On trouvera dans les *Éléments de géométrie* les mêmes qualités de clarté que dans les autres ouvrages de la collection, avec un parti pris de concision plus grande ; car, l'initiation première de la géométrie ayant été faite dans les classes élémentaires, il s'agit désormais de démonstrations, et celles-ci doivent être aussi brèves que possible.

La précision du programme officiel a permis de condenser les matières de géométrie en un petit volume. On n'a cru devoir dépasser nulle part le nécessaire.

Éléments de cosmographie. 1 vol. in-12, avec 132 fig. dans le texte et 4 planches hors texte, 2e édit. **3 fr. 50**

Ce volume complète la série. L'auteur et l'éditeur lui ont consacré des soins particuliers et espèrent en avoir fait un livre d'une lecture attrayante. Les notions mathématiques et techniques ont été réduites au minimum ; des développements plus amples ont été réservés à la partie descriptive. Les révélations fournies par les instruments et les méthodes dont la science s'enrichit tous les jours ont été mises largement à profit. De plus, le texte est orné de nombreuses et belles figures, qui souvent reproduisent des photographies ou des dessins d'après nature, et font assister le lecteur aux phénomènes astronomiques.

L'ouvrage est partagé en cinq livres qui ont respectivement pour objet *la sphère céleste, la terre, le soleil, la lune* et *le système du monde*.

Dans celui qui traite du soleil le lecteur remarquera le chapitre qui, sans discuter les hypothèses sur la constitution de l'astre, décrit l'aspect de la surface, fait connaître, à l'aide de figures, les phénomènes grandioses dont elle est le théâtre, et donne une idée de sa puissance calorifique et lumineuse.

Des détails pittoresques sont également donnés sur le globe lunaire ; une superbe carte de notre satellite et des vues partielles, d'après la photographie, de ses régions les plus accidentées, ajoutent à l'intérêt de ces passages.

Les planètes et les comètes ont fourni aussi matière à des descriptions intéressantes et à de nombreuses figures.

Les notions d'astronomie sidérale qui terminent ce volume, les considérations sur les nébuleuses, sur les systèmes d'étoiles, sur les distances stellaires, sont bien faites pour parler puissamment à l'imagination des jeunes gens et leur inspirer le respect et l'admiration de la science.

... figures et exercices. 1 vol. in-12, cartonné. ...

Éléments de géométrie. *Classe de quatrième, troisième, ... et rhétorique.* 1 vol. in-12, cartonné. ... 3 fr. 50
— géométrie plane (4e, 3e, et rhét.) 1 vol. in-12, cart. ... fr. 50
— géométrie de l'espace (*seconde et rhét.*) 1 vol. in-12 cart. ...
Éléments de cosmographie. *Classe de rhétorique.* 1 vol. in-12, cart., avec 132 figures et 4 planches hors texte. ...

Cours élémentaire de physique. *Classe de philosophie.* Par M. Durer, maître de conférences à l'École normale supérieure, ... agrégé de physique au lycée Saint-Louis. 1 vol. in-12, ... figures et une planche hors texte, cart. ... 6 fr.
... de chimie. *Classe de philosophie.* Par M. ..., ... de l'Académie de médecine, professeur à l'École de pharmacie. 1 vol. in-12, avec figures. 3e édition revue. ... 2 fr. 50
Anatomie et physiologie animales. *Classe de philosophie.* Par E. Belzung, docteur ès sciences, professeur agrégé de sciences naturelles au lycée Charlemagne, 1 vol. in-8 avec 522 gravures dans le texte. ... 6 fr.
Anatomie et physiologie végétales. *Classe de philoso-* Par G. Le Monnier, professeur de botanique à la faculté des sciences de Nancy, 1 vol. in-8, avec 170 gravures dans le texte. ... édition. ... fr.

MANUEL DU BACCALAURÉAT DES CLASSES DE RHÉTORIQUE ET DE PHILOSOPHIE (PARTIE SCIENTIFIQUE) ET DU BACCALAURÉAT ÈS SCIENCES RESTREINT, par le Dr Le Noir:
Mathématiques élémentaires (*arithmétique, géométrie, algèbre, cosmographie*). 1 vol. in-12, avec de nombreuses figures dans le texte. 2e édition. ... fr.
Histoire naturelle élémentaire (*zoologie, botanique, géologie*). 1 vol. in-12, avec 251 fig. dans le texte, demi-reliure br. 5 fr.
Physique élémentaire. 1 vol. in-12, avec 155 figures dans le texte. 2e édition. ... 5 fr.
Chimie élémentaire. 1 vol. en-12, avec figures dans le texte. 2e édition. ... 3 fr. 50

Imp. réunies, ..., rue Mignon, 2, Paris. — 2881

www.ingramcontent.com/pod-product-compliance
Ingram Content Group UK Ltd.
Pitfield, Milton Keynes, MK11 3LW, UK
UKHW022213120726
13694UKWH00002B/525